Sophia Rödiger • Lukas Fütterer

Logbuch Digitale Achtsamkeit

Wirksam im Hier und Netz

BELTZ

FSC www.fsc.org
MIX
Papier aus verantwortungsvollen Quellen
FSC® C089473

Dieses Buch ist auch erhältlich als:
ISBN 978-3-407-36749-5 Print
ISBN 978-3-407-36775-4 E-Book (PDF)
ISBN 978-3-407-36916-1 E-Book (epub)

1. Auflage 2021

Lektorat: Julia Zubcic
Umschlagillustration: Natascha Kornilowa (Short Cuts GmbH – Senior Art Director)
Illustrationen: Natascha Kornilowa (Short Cuts GmbH – Senior Art Director)
Herstellung: Victoria Larson
Satz: WMTP Wendt-Media Text-Processing GmbH
Druck und Bindung: Beltz Grafische Betriebe, Bad Langensalza
Printed in Germany

Weitere Informationen zu unseren Autor_innen und Titeln finden Sie unter:
www.beltz.de

Inhaltsverzeichnis

Hier hat jemand etwas Kluges gesagt oder geschrieben, dass uns »merk«-würdig erscheint. Lass dich inspirieren.

Am Ende jedes Kapitels ist die Essenz zusammengefasst. Reflektiere und transferiere das Gelernte auf deinen Arbeitsalltag.

Übung macht den Meister oder die Meisterin. Hier bist du an der Reihe Mikropraktiken auszuprobieren.

Dieses Buch lebt von Perspektiven aus der Unternehmenspraxis. Lerne aus den Erfahrungen von Transformations-Expert:innen für deinen konkreten Anwendungsfall.

Unsere unmöglichen Möglichkeiten

Elf Millionen. Das ist nach Schätzungen von Neurobiologen die Zahl an Informationen, die in jeder einzelnen wachen Sekunde auf uns einprasseln. Durchschnittlich 11.000.000 Bits & Pieces, die von unserem Gehirn verarbeitet werden wollen, selbst wenn wir entspannt auf dem Sofa sitzen und meinen, gerade nichts zu tun. Blicken wir dabei auch noch auf einen Bildschirm und klicken uns durch Websites oder Foren, öffnen wir permanent zusätzliche Fenster und Versorgungsleitungen, durch die ein Vielfaches an Informationen, Inspirationen und Interessantem sturzbachartig auf uns einprasselt.

Das ist in nahezu jeder Hinsicht eine großartige Nachricht. Große Ideen entstehen im Kopf, richtig große, indem man die besten Köpfe und Ideen zusammenbringt. Seit zwei Jahrzehnten erschließt uns die Digitalisierung die Möglichkeit, mit Menschen zusammenzuarbeiten, die wir bis eben noch nicht kannten und sonst nie kennengelernt hätten, weil sie in anderen Metiers und auf anderen Kontinenten unterwegs sind. Wir haben die Möglichkeit von Ideen zu hören und zu lesen, auf die wir selbst nie gekommen wären und unsere Köpfe und Kompetenzen mit denen anderer zu verbinden. Mit unserem Smartphone oder Laptop halten wir ein ultrastarkes Universalwerkzeug in den Händen, das unsere Optionen auf einen Schlag vervielfacht.

Genauso gut aber kann dieses Werkzeug sich gegen uns wenden und selbstzerstörerisch wirken. Wir alle kennen Menschen (und wir sind es mitunter auch selbst), die »Always-on« sind, weil diese Möglichkeiten auf sie so elektrisierend wirken wie ein noch unentdecktes Drogendepot auf einen Junkie. In den Organisationen, in und mit denen wir als Transformationsberater unterwegs sind, begegnen wir immer mehr Menschen, die fast rund um die Uhr in den sozialen Netzen vorwärts hasten und dennoch das Gefühl haben, kein Stück vorwärtszukommen. Sich auszuklinken und abzuschalten ist für sie auch keine Option, schließlich sind die Vorteile der Vernetzung so sagenhaft, dass es sich niemand erlauben kann, sie zu ignorieren. Ganz im Gegenteil wächst in Zeiten dynamischen Wandels die Erwartung an Einzelne wie auch an Teams, dem Neuen und Innovativen da draußen auf die Spur zu kommen, es für die Organisation zu sichern und den Wandel voranzubringen.

Zwischen dem Entdecken neuer Pfade in der digitalen Sphäre und dem Sich-in-ihnen-verlieren verläuft ein ultraschmaler Grat. Um ihn nicht nur gefahrlos zu beschreiten, sondern auch die Potenziale von Vernetzung zu nutzen, braucht es Kompetenzen, über die noch viel zu wenige verfügen. Die Folgen sind individuelle Abstürze, häufig Burn-out genannt, und kollektive: Organisationen, die sich aufgrund von hektischer Suche nach dem Neuen nur noch im Kreis drehen.

Dieses Buch handelt von dieser Gratwanderung. Es ist entstanden, weil wir als Berater:innen in Organisationen einerseits die enorme Power der digitalen Vernetzung kennen und schätzen. Auf der anderen Seite sehen wir, wie sowohl Einzelne wie auch ganze Organisationen gegenwärtig an ihr scheitern. Denn die dynamische Zeit, in der wir leben, führt bei vielen zu einer permanenten Anspannung und digitalen Erschöpfung.

Wissenschaftlich aber ist erwiesen: Stress killt Kreativität. Termindruck tötet Innovation. Panik führt zu Orientierungslosigkeit. Niemand, der von Meeting zu Meeting hetzt, kann wirklich fokussieren und Neues in die Welt bringen. Um Neues zu denken und (digital) zu entdecken, braucht es einen offenen, neugierigen, wachen Geist, den wir selbst kontrollieren. Mit anderen Worten: Achtsamkeit. Sie ist die Metakompetenz, die uns die Vorteile der Vernetzung erschließt und uns gleichzeitig vor Überforderung bewahrt.

In den vergangenen Jahren haben wir aus dieser Erfahrung ein Set an Übungen und Werkzeugen entwickelt, die dem Einzelnen wie auch Organisationen helfen, erfolgreicher im Hier und Netz unterwegs zu sein. Das heißt, die Potenziale digital vernetzter Arbeit zu erkennen und zu realisieren, statt sich von ihnen überrollen zu lassen. Es geht darum, die eigene Wirksamkeit zu erhöhen, und nicht an den Anforderungen zu verzweifeln, wie ein ambitionierter Kletterer an einer zu steilen Wand.

Dieses Können ist besonders entscheidend für Führungskräfte, Coaches und Transformationsberater:innen – jene von uns, deren vorrangigste Aufgabe es ist, Veränderung von innen und außen zu initiieren und den Wandel von Organisationen zu gestalten. Doch auch jede:r einzelne, der oder die den Wunsch nach mehr Achtsamkeit in ihrem digitalen Arbeitsalltag verspüren, kann mit diesem Buch wertvolle Impulse zur konkreten Umsetzung erhalten.

Ohne digitale Achtsamkeit wird es den wenigsten gelingen, positive Veränderungen nachhaltig zu verankern. Das ist die schlechte Nachricht. Die gute: Jede:r kann diese Metakompetenzen zu verstehen beginnen und sie sich zu eigen zu machen. Dazu müssen wir aber zunächst einmal klären, was digitale Achtsamkeit eigentlich ist.

Wie achtsam ist achtsam?

Achtsamkeit, wie wir sie meinen, hat nichts mit Selbstbespiegelung, wellbeing und einem naiven Alles-irgendwie-gut-finden zu tun, als die sie mitunter verkauft wird. Achtsamkeit in unserem Sinne heißt vielmehr durch einen selbst bestimmten Geist sich des Wahrgenommenen und seiner Bewertung bewusst zu sein. Zu beobachten und zu reflektieren, weshalb man Bestimmtes denkt. Die toten Winkel der eigenen Wahrnehmung auszuleuchten und dieser eine neue Tiefenschärfe zu verleihen.

Der Molekularbiologe Jon Kabat-Zinn, einer der Pioniere der Achtsamkeitsforschung, hat es auf diese Formel gebracht:

> *Mindfulness is the awareness that arises from paying attention on purpose, in the present moment and non-judgmentally.*
>
> *– Jon Kabat-Zinn*

Es geht also um einen hellwachen Geist, einen Panoramablick, der den Moment in seiner Fülle erfasst und das Hier und Jetzt wahrnimmt, ohne unreflektiert zu werten. Und sich dann bewusst zu entscheiden: dieses scheint mir interessant, jenes möchte ich vertiefen, das andere bewusst liegenlassen. Achtsamkeit ist damit die Membran, die 11 Millionen Informationen pro Sekunde wahrnehmen kann und das Relevante heraussiebt, ohne zu überfordern. Sie ist gleichzeitig ein wirksames Gegenmittel gegen Verschwörungstheorien, Shitstorms und Untergangsszenarien – all jene Hysterien, die florieren, wenn Fehlinformation unreflektiert konsumiert, vervielfältigt und weitergereicht wird.

Detox the Detox

Aber wäre es nicht viel konsequenter, sich aus alledem kurzerhand auszuklinken? Digital enthaltsam zu leben, und sei es nur für ein paar Tage? Den ganzen Wahnsinn einfach mal abzuschalten?

All das klingt verlockend. Leider hilft das radikale Ausschalten nicht dauerhaft weiter. Wir hören das immer wieder von Kollegen, wenn sie von ihrem Meditationsworkshop, ihrem Digital-Detox-Wochenende im Kloster oder dieser Bergwanderung ohne Smartphoneempfang zurückkehren: Die drei Tage ohne Mails und Benachrichtigungen seien wirklich wundervoll gewesen, heißt es dann. Aber der vierte Tag, zurück im Büro, mit 400+ Mails auf dem Bürolaptop, die darauf warteten, gelesen und beantwortet zu werden, war die Hölle. Denn die Welt, die Kollegen, die Projekte warten ja nicht, während man gerade digital entschlackt. So sympathisch-konsequent es klingt, wirkt das radikale Ab- und Ausschalten daher ähnlich wie die klassische Diät: ein paar Tage lang geht's einem besser, danach schlägt der Jo-Jo-Effekt unbarmherzig zu.

Unser Ansatz ist deshalb ein anderer, ein integrativer. Uns geht es um eine veränderte Wahrnehmung und einen anderen Umgang mit Vernetzung im Arbeitsalltag. Denn wir sind digitale Optimisten. Digitales Netzwerken heißt, einen Zugang zu unendlichem Wissen zu haben – und das eigene mit Anderen verknüpfen zu können. Dieses Buch ist das allerbeste Beispiel dafür: Es ist zusammen mit Dutzenden Menschen entstanden, die einander nie getroffen, dennoch gemeinsam an diesem Projekt gearbeitet und es bessergemacht haben.

Wir brauchen daher neue Routinen, mit denen sich die Flut an Eindrücken zwar nicht abschalten, aber umleiten, kontrollieren und kanalisieren lässt. Und wir glauben, sie gefunden zu haben. Wir nehmen dich mit diesem Logbuch auf eine Reise zu diesen neuen Routinen mit. Diese Reise wird dich und deine Wirksamkeit in der digitalen Zusammenarbeit mit ziemlicher Sicherheit verändern. Das ist jedenfalls unsere persönliche Erfahrung.

Deine Begleiter auf dieser Reise

Wir sind Sophia und Lukas, zwei digitale Optimisten, die seit vielen Jahren in Großkonzern und eigener Beratung die Potenziale aus der Verbindung von Technologie und Achtsamkeit realisieren. Lukas bringt seine Expertise rund um Führung in Netzwerken, Social Media und digitale Zusammenarbeit ein. Von Sophia kommt der geschulte Blick auf Transformation, Innovation und Achtsamkeit. Mehr zu uns beiden ganz am Ende dieses Buches.

Am liebsten kombinieren wir unsere eigenen Perspektiven mit den Erfahrungen weiterer Expert:innen aus unserem Netzwerk und den Unternehmen, die wir in ihrer Transformation begleiten dürfen. Einige kommen hier im Buch zu Wort. Uns verbindet die Überzeugung, dass sich Achtsamkeit und Digitalisierung nicht gegenseitig ausschließen, sondern positiv gegenseitig stärken.

Wissen generieren, Wissen teilen

Deshalb dieses Buch. In ihm haben wir neben unseren Erkenntnissen und Erfahrungen konkrete Übungen versammelt, die sich ganz einfach in die Organisation integrieren lassen. Immer im Fokus: Praxisrelevanz und die Umsetzbarkeit im Arbeitsalltag. Dabei stützen wir uns auf wissenschaftliche Erkenntnisse und bleiben frei von Esoterik.

Jede Station unserer gemeinsamen Reise schließt mit konkreten Experimenten, die dir helfen, wirksamer im Hier und Netz unterwegs zu sein. Diese Übungen sind so angelegt, dass jede:r gleich hier und jetzt mit ihnen beginnen kann. Mit anderen Worten: Durch unser Buch kommt jede:r, der/die auf der Suche nach mehr Wirksamkeit und Vernetzung ist, sofort ins Experimentieren. Richtig verstanden und konsequent umgesetzt, sollten schon nach wenigen Wochen erste Veränderungen spürbar sein.

Unser Blick geht aber nicht nur nach innen, sondern auch in die Teams und Organisationen. Nicht umsonst setzen Start-ups wie Zalando oder The Dive und etablierte Organisationen wie Microsoft, SAP oder die Europäische Kommission auf digitale Achtsamkeit. Wir freuen uns daher sehr, dass erfahrene Praktiker:innen wie Petra Martin (Bosch), Ralf Haacke (P&G), Eva Gabriel (diconium), Daniel Rieber (WEVOLVE) , Andreas Rechter (Vodafone), Tijen Onaran (Global Digital Women) und John Stepper (Working Out Loud) mit uns auf die Reise gehen und ihre individuellen Perspektiven und Erkenntnisse mit uns teilen. Dr. Judith Muster, Organisationssoziologin der Universität Potsdam und Partnerin bei Metaplan, steuert die organisationssoziologische Perspektive bei, Lena Papasabbas und Matthias Horx vom Zukunftsinstitut werfen einen Blick aus der Zukunft auf das, was vor uns liegt. »Achtsamkeit strukturell zu ermöglichen, wird zur Zukunftsaufgabe, um sich sowohl im Kampf um Talente zu behaupten als auch die Fähigkeit, Kreativität und Innovation im Unternehmen zu halten und zu fördern« schreiben sie im Vorwort.

Unser Buch soll Organisationen wie auch Einzelnen helfen, diese Zukunftsaufgabe rechtzeitig und strukturiert anzugehen.

Was dich erwartet

Ob du unser Buch von vorne nach hinten in einem Zug durchliest oder mit ausgewählten Kapiteln startest, ist dir überlassen. Für einen Blick aus dem Zukunftsinstitut konnten wir Matthias Horx und Lena Papasabbas im »Vorwort aus der Zukunft« gewinnen. Dr. Judith Muster steuert in ihrem organisationsklugen Begleitwort »Stör mich nicht, ich bin achtsam!« die kritische soziologische Perspektive auf Achtsamkeit in Unternehmen bei. Nach einem gemeinsamen Check-in starten wir mit ein paar grundsätzlichen Gedanken zu Achtsamkeit (Kapitel »Achtsamkeit im Arbeitskontext«) sowie Vernetzung (Kapitel »Digital vernetzt zusammenarbeiten«) im Arbeitskontext. In Kapitel »Digitale Achtsamkeit im Team kultivieren« beleuchten wir die Team-Ebene. Wenn konkrete Fallbeispiele von Organisationen gefragt sind, wirst du in Kapitel »Die achtsame Organisation« fündig werden. In Kapitel »Was wäre, wenn?« werfen wir einen Blick in die Zukunft und auf uns selbst, bevor wir dich mit einem Check-out sanft in Richtung Umsetzung stupsen. Solltest du danach tiefer einsteigen wollen, findest du im Anhang einige Inspirationsquellen, die für uns wegweisend gewesen sind.

Apropos du: Wir möchten auf Augenhöhe mit dir auf diese Reise gehen und sprechen dich daher mit einem professionell nahbaren »du« an. Ebenfalls wollen wir alle Interessierte direkt ansprechen und nicht einige nur »mitmeinen«. Wo immer gut verständlich möglich, sprechen wir daher genderbewusst zum Beispiel von Leser:innen und geben dieser Variante aufgrund der besseren digitalen Barrierefreiheit den Vorzug gegenüber Sternchen, Unterstrich oder Binnen-I. Das fällt uns bisweilen selbst noch nicht leicht und wir lernen täglich dazu.

Hier freuen wir uns genauso auf konstruktive Verbesserungsvorschläge wie über deine Gedanken, Anregungen, Kritik und Wünsche. Du erreichst uns via LinkedIn, Twitter, Instagram oder ganz klassisch per E-Mail an *hierundnetz@mountainminds.net*. Wir freuen uns wirklich, von dir zu hören. Und, versprochen, wir werden jede Idee, jede Kritik, jeden Hinweis sorgfältig anschauen. Schließlich kann in jedem Hinweis der Beginn von etwas Neuem stecken, von dem wir beide momentan noch nicht einmal etwas ahnen, was sich daraus entwickelt. Wir werden dies selbstverständlich achtsam und damit auf eine Weise tun, die tatsächlich in der Lage ist, 11 Millionen Informationen pro Sekunde in 11 Millionen potenzielle Chancen zu verwandeln.

Vorwort aus der Zukunft

Von Lena Papasabbas und Matthias Horx

Achtsamkeit – von der Spannung eines Begriffs

Die Zeiten, in denen das Internet als Wahrheits- und Wissensmedium gefeiert wurde, sind vorbei. Die unkritische Euphorie der Nuller-Jahre ist im zweiten Jahrzehnt des 21. Jahrhunderts einer Ernüchterung gewichen. Filterblasen und Fake News verfälschen unsere Wahrnehmung der Wirklichkeit, Aufmerksamkeitsspannen und Konzentrationsvermögen sinken, Hate Speech und Shitstorms verwandeln soziale Medien in digitale Pranger. Zugleich sorgt die fortschreitende Vernetzung unserer Lebens- und Arbeitswelten dafür, dass wir weniger denn je auf digitale Technologie verzichten können.

Zum einen, weil unsere Arbeitswelt und unser Privatleben zunehmend digital stattfinden – zum anderen, weil wir süchtig sind: Nicht nur soziale Netzwerke, üben echte Suchteffekte aus. Laut dem Soziologen Hartmut Rosa adressieren sie unmittelbar unser emotionales Grundbedürfnis nach Resonanz, nach einer wirkmächtigen Beziehung zur Welt: Wir sehnen uns nach digitalen Signalen und technologisch erzeugten Reizen. Der ständige Blick auf das Smartphone ist längst zur Routine geworden. WhatsApp, TikTok und Instagram konkurrieren mit Slack, Clubhouse und LinkedIn permanent um unsere Aufmerksamkeit. News-Streams und der neuste Krypto-Kurs machen beinahe genauso süchtig wie Candy Crush oder Tinder. Das Resultat ist immer häufiger: Überforderung, Stress und gefühlter Kontrollverlust über die eigene Zeit und Aufmerksamkeit. Erlösung von dem Problem der Dauerdigitalisierung soll vor allem eins bringen: Achtsamkeit.

2015 rief das Zukunftsinstitut Achtsamkeit als mächtigsten Gegentrend unserer Zeit aus. Erwachsen war dieser mächtige Gegentrend aus der Sehnsucht nach dem Ausbruch aus dem Always-on-Hamsterrad, nach Abschalten, nach authentischer Resonanz und nach einem selbstwirksamen Umgang mit Digitalisierung.

Heute, fünf Jahre später, reiht sich die Achtsamkeits- selbstverständlich neben die Aktien-App. Beide sollen das Leben bereichern. Achtsamkeit soll unliebsamen Kommerz-Noise genauso entgegenwirken wie der 24/7-Erreichbarkeit und der immer engeren Taktung von eingehenden Nachrichten, Mails und News. Achtsamkeit wird heute als Allheilmittel für gestresste Städter gehandelt, die weder beruflich noch privat noch mithalten können mit dem wachsenden Tempo und der unendlichen Optionenvielfalt, die das digitale Zeitalter bereithält. Und der Peak ist noch nicht erreicht: Immer mehr Menschen laden immer mehr Meditations-Apps auf ihre Smartphones. Immer neue Achtsamkeitsratgeber überschwemmen den Markt. Schweigeseminare und Klosteraufenthalte werden zum präferierten Wochenend-Retreat, Waldbaden zum Hobby urbaner Hipster. Inzwischen machen in Deutschland mehr Menschen Yoga, als Menschen Fußball spielen.

Dieser Boom der Achtsamkeit bleibt nicht folgenlos. Achtsamkeit heißt, dass man das Trommelfeuer der Erwartungen, die Flut der Bilder und Ideologien, abschalten lernt – um wahrzunehmen, was ist. In der Achtsamkeits-Haltung erproben wir unsere neuronale Plastizität, unsere Fähigkeit, anders als in den Reflexen von Zorn, Angst, Neid, Furcht auf die Welt zu reagieren. Achtsamkeit heißt, differenzierter kommunizieren zu lernen. Alles im Leben ist Beziehung. Erst wenn man Menschen wahrnehmen kann, ohne sie unentwegt zu bewerten, erfährt man Verbundenheit.

Doch wie alle angesagten Begriffe hat auch die Achtsamkeit ein Päckchen des Missverständnisses zu tragen. Wie die Nachhaltigkeit zu einem Klischee-Wort erstarrt, das inzwischen eher für »Statik« steht oder für »irgendwas Grünes«, kann man die Achtsamkeit leicht missverstehen. Etwa als eine Art angestrengte Dauer-Spiritualität, in der wir uns ausschließlich den harmonischen Aspekten des Lebens widmen. Meditation mit Räucherstäbchen, bei der wir uns ganz und gar auf unser Chakra und die Ameisen konzentrieren, die gerade über den Tisch laufen. Rückzug von der Welt ins Angenehme. Oder Abseitige.

Aber hinter einer solchen Auffassung der Achtsamkeit liegt ein riesengroßes Missverständnis. Der Begriff hat andere Wurzeln, und ein anderes Potenzial. Er stammt ursprünglich aus der Psychologie, genauer aus der Kognitionspsychologie. Und er hat viel mit unserem Bewusstsein zu tun, unseren Denk- und Fühlweisen. Und den daraus folgenden Handlungen. Er beschreibt, auf eine ganzheitliche Weise, das Verhältnis zwischen »Mind« und Welt.

Ellen Langer, eine charismatische Harvard-Psychologin, hat den Begriff bereits vor 25 Jahren aus ihrer psychologischen Forschung heraus erschaffen. Ihr Buch »Mindfulness« – der Begriff sagt im Englischen viel genauer, worum es geht – ist noch heute ein stiller Bestseller. Unlängst erschien die Ausgabe zum 25. Jubiläum, mit einem neuen Vorwort der Autorin, das die Bedeutung ihrer Forschungen noch einmal in ihren ganzen Dimensionen auf den Punkt bringt.

Langers Arbeit, ihre zahlreichen Experimente mit realen Menschen, handeln von der zentralen Frage unserer Zeit: Wie konstruieren wir Wirklichkeit? Und: Wie *steuern* diese Konstrukte unsere Handlungen, unsere Zustände? Wie wirken die Frames unserer Wahrnehmung auf unser Sein? Eines ihrer bekanntesten Experimente ist das »Downaging«-Experiment. Ellen Langer lud achtzigjährige Männer aus Altersheimen, die dement oder altersschwach waren, in einem Kloster in New Hampshire. Dort simulierte sie 14 Tage lang die Umwelt der Jugend dieser Männer, einschließlich der Musik, der Nachrichten, der Möbel und Partys. Nach einer Woche in dieser Zeitmaschine hatten sich diese Männer auch tatsächlich verjüngt, und zwar auch körperlich messbar – im Durchschnitt um ein ganzes Jahrzehnt!

Auch das Orchester-Achtsamkeits-Experiment, ebenfalls von Ellen Langer, zeigt die immense Bedeutung des inneren Zugangs des Menschen zur seiner ihm umgebenden Welt. Sie wies die Musiker und Musikerinnen eines Symphonieorchesters an, das nächste Stück ganz bewusst in ihrer vollkommen *eigenen* Expression zu spielen – in vollkommener Achtsamkeit zu sich selbst und dem eigenen Tun. Die Musiker eines anderen Orchesters wurden angewiesen, dasselbe Stück stur nach Noten zu spielen – wie eine Maschine. Beide Aufführungen wurden aufgenommen und einem Testpublikum vorgeführt. Die Ergebnisse waren eindeutig. Das »mindful« gespielte Stück war überwältigend besser. »Man könnte meinen, dass, wenn jeder Musiker es »in seinem eigenen Sinne« (»their own way«) spielte, nur Chaos dabei herauskommen würde – schließlich spielten sie klassische Musik, keinen Jazz. Aber, während die Musiker die Musik auf ihre ganz eigene Weise interpretierten, steigerte sich ihre Präsenz enorm,« so Langer.

Achtsamkeit handelt also nicht nur von unserer Art der Wahrnehmung, sondern verändert auch unserer Expressionen, unsere Art und Weise, wie die Welt auf uns wirkt – und wie wir in die Welt hineinwirken. Es geht um unsere Resonanz – zu uns selbst. Zur Welt. Und zur Zukunft.

Erlernte Hilfslosigkeit, selbstinduzierte Abhängigkeit und generell das Abgeben von Verantwortung für sich, das eigene Leben und die eigene Umwelt sind nach Langer Zeichen von »Mindlessness«. Das Gegenteil von Achtsamkeit führt zum inneren Aufgeben, zum Delegieren von immer mehr Verantwortung weg von sich selbst hin zu anderen oder »den Umständen«. Achtsamkeit ist in diesem Sinne auch die Grundlage von Handlungsfähigkeit.

> *»The intellectual life of man consists almost wholly in his substitution of a conceptual order for the perceptual order in which his experience originally comes.«*
>
> *– William James, The World We Live In*

Es sind die Konzepte – und nicht die Erlebnisse oder »Wirklichkeiten« – die unsere Wahrnehmungen, unsere Weltbilder und Haltungen steuern. Gerade in der Corona-Zeit ist überdeutlich geworden, wie wichtig innere Konstrukte sind. Und wie sie uns zu produktiven oder zerstörerischen Handlungen bringen können. Bestimmte negative Einstellungen, Tunnel-Identitäten, können zu Hysterien, Verhärtung und Verbitterung führen – zu einer selbstinduzierten Zukunftslosigkeit. Diese Erkenntnis erklärt, warum so viele Menschen von Ängsten, Ressentiments und Verschwörungstheorien getrieben sind. Wie Hass-Phänomene sich über das Internet ausbreiten. Warum wir an Problemen scheitern, obwohl die Lösungen auf der Hand liegen. Achtsamkeit ist die Erkenntnis, dass nichts so ist, wie es scheint, sondern immer so, wie wir es beschreiben: Diese Botschaft macht uns auf neue Weise verantwortlich für unser Schicksal. Und frei für die Zukunft. Sie gibt uns unsere Verantwortung, aber auch unsere Wirkmächtigkeit zurück, die im rasenden Medienraum oder im Raster der Klischees verlorengegangen ist.

In vielen Unternehmen ist heute nicht die technische Innovation das Problem, sondern ein System, das immer mehr vom Alten will, und nicht in der Lage ist, die Zukunft in die Entscheidungen zu integrieren. Alle bisherigen Krisen, von der Fotoindustrie über den Bankensektor bis zur Energie- oder Autobranche, lagen in der Unfähigkeit begründet, das eigene Produkt in neuen Kontexten zu denken. Achtsamkeit bedeutet, den Sinn für die Kontext-Verschiebungen schärfen. Die Zusammenhänge verstehen, in denen ein Unternehmen mit seiner Umwelt steht. Den Tunnel zu erweitern, in dem wir ein Produkt nur als ein Ding sehen, das in möglichst großer Stückzahl verkauft werden muss. Das liegt auch darin begründet da Achtsamkeit naturgemäß nicht ziel- oder ergebnisorientiert ist. Gerade das Loslösen von einem bestimmten Zweck setzt Kreativität frei, wie auch das Orchester-Experiment eindrücklich beweist. »Mindfulness can encourage creativity when the focus is on process and not the product«, schrieb Ellen Langer bereits 1989 in ihrem Buch Mindfulness.

Achtsamkeitsdenken führt früher oder später zu der Erkenntnis, dass wir in Systemen leben. Und dass diese Systeme eine Richtung, eine Evolution haben. Dass Ökonomie und Ökologie, Denken und Handeln, Gefühl und Verstand, Firmenziel und Purpose etwas miteinander zu tun haben. Achtsamkeit schult uns im komplexen Denken. Im Denken von Verbindungen und Zusammenhängen. Und genau dieser systemische Blick löst die nächste Evolutionsstufe in der Achtsamkeitsbewegung aus.

Dass heute die ersten Achtsamkeits-Agenten und Meditationsräume in Unternehmen auftauchen und Mindfulness immer mehr zum Business-Thema wird, ist kein Zufall oder bloßes Ornament. Es ist der Anfang der strukturellen Verankerung einer vielfach individuell erlernten und eingeübten neuen Kulturtechnik. Achtsamkeit wird heute verstanden als Aufgabe des Individuums mit den Anforderungen des Alltags zurechtzukommen. Sie soll die Menschen kollektiv zurück ins Hier und Jetzt holen – und dabei die Burn-out-Raten senken. Doch individualisierte Achtsamkeit kann nur in Maßen kompensieren, was der Alltag abverlangt. Achtsamkeit kann im Arbeitsalltag nur wenig ausrichten – wenn sie in der Eigenverantwortung Einzelner gelassen wird. Das Individuum kann nur begrenzt kompensieren, was Unternehmen systematisch versäumen. Chaotische Strukturen, Zeitdruck und eine stressfördernde Unternehmenskultur lassen sich sehr wohl mit Achtsamkeit ausgleichen – jedoch nur wenn diese strukturell im Unternehmen verankert wird.

Der nächste Schritt des Großtrends Achtsamkeit wird eine Verschiebung weg vom Individuum und hin zum System sein. Unternehmen spielen hier eine Schlüsselrolle. Achtsamkeit strukturell zu ermöglichen, wird zur Zukunftsaufgabe um sich sowohl im Kampf um Talente zu behaupten als auch die Fähigkeit der Kreativität und Innovation im Unternehmen zu halten und zu fördern. Der Achtsamkeitstrend wird langsam erwachsen. Er entwickelt sich weiter vom reinen Self-Care- und Lifestyle-Thema und hin zur organisationalen Aufgabe. Wie »Wellness« oder »Nachhaltigkeit« kann man auch die Achtsamkeit verkitschen und profan werden lassen; sie kann Opfer halbseidener Scharlatane und billiger Marketing-Sprüche werden. Aber Achtsamkeit ist, wenn wir sie wirklich leben, ein Lebenselixier – für Individuen und Organisationen. Sie lässt neue Möglichkeiten erkennbar werden und macht kreativ und resilient. Wenn wir die Welt nicht innerlich neu konstruieren können, werden wir es auch schwer haben, sie äußerlich neu zu formen. Fangen wir also neu an, die Welt und den Wandel wahrzunehmen.

Lena Papasabbas und Matthias Horx, Zukunftsinstitut Frankfurt 2021

Stör mich nicht, ich bin achtsam!

Von Dr. Judith Muster

Über die Unmöglichkeit, gleichzeitig fremde und eigene Bedürfnisse zu erfüllen

Organisationen sind eigentlich der Endgegner von Achtsamkeitspraktiken. Dafür ist noch keine genaue Definition von Achtsamkeit nötig – es reicht als gemeinsamer Nenner, dass es dabei um das Beachten von persönlichen Grenzen und Bedürfnissen geht. Man denkt in der Regel an Handlungen, die eine Person auf sich selbst bezieht, oder es geht um zwischenmenschliche Beziehungen: man achtet aufeinander.

Persönliche Grenzen wahren, Bedürfnisse achten, sind Prinzipien, die in einer Organisation schnell auf die Probe gestellt werden. Als Mitglied sieht man sich den Erwartungen der Kolleg:innen, Vorgesetzten und Kund:innen gegenüber, die bestimmte Vorstellungen an die Rolle richten und denen zuerst herzlich egal ist, was man sich persönlich vorgenommen hat. Nach dem Soziologen Niklas Luhmann ist es vor allem die Arbeitszusammenhänge (also Arbeit mit den Kolleg:innen), die Mitglieder in Organisationen zum Handeln motivieren. Individuelle Ansprüche können also existieren, aber sie treten in den Hintergrund, wenn Erwartungen von Vorgesetzten oder Kolleg:innen als stärker erlebt werden. Die Erwartungen können auf drei Dimensionen wirken: Sachlich (die Präsentation muss gut werden), zeitlich (und bis morgen früh fertig) und sozial (wir sind doch ein Team!).

Mit den eigenen Ressourcen achtsam zu sein, heißt bekanntlich, auch mal Nein zu sagen. In der Organisationssoziologie würde man von der Notwendigkeit von taktlosem Verhalten sprechen, schließlich müssen dann andere die verweigerte Arbeit tun. Digitale Achtsamkeit wirkt sich vor allem auf die Einschränkung der eigenen Erreichbarkeit aus. In einer Organisation, in der diese Einschränkung nicht üblich ist, wird dieser Schritt ironischerweise als besondere Rücksichtslosigkeit verstanden. Wer der Organisation den Zugriff auf die eigene Zeit entzieht, belastet dabei die soziale Dimension. Dadurch wird digital achtsam sein schwieriger. Vor der Wahl, entweder die Trennung von Arbeit und Leben zu opfern und sich mit der ständigen Erreichbarkeit zu arrangieren oder Erwartungen zu enttäuschen und Konflikte austragen zu müssen, fällt für Viele die Wahl auf ersteres.

Weil die Organisation durch die Verfügbarkeit ihrer Mitglieder an Flexibilität gewinnt, wäre es für sie dysfunktional, diese Praxis einzuschränken. Die Kultur des Onlineseins ist ohnehin fester Bestandteil der Gesellschaft, also ist es nur naheliegend, als Organisation von dieser zu profitieren. Anlass für Maßnahmen in die Gegenrichtung bietet eventuell die »New Work«-Debatte. Demnach wird es vor allem den jetzt neu auf den Arbeitsmarkt kommenden jungen Menschen immer wichtiger, Arbeit und Privatleben gleichermaßen vereinbaren zu können. Dies verändert bereits die Außendarstellung von Organisationen. Die Erzählung vom Jetset-Manager (für dieses Narrativ wurden meistens Männer genutzt), der mit Bildern von Flughäfen und Hotellobbys rund um den Globus seine Geschäftigkeit darstellt, wird abgelöst von der Geschichte der wertvollen Pause – bebildert mit dem Spaziergang im Grünen. »Bei uns heißt es ab Feierabend: Handy aus!« – könnte dann die Bildzeile dazu lauten.

Das Organisationsmitglied, das sich von so einem Beitrag dazu inspiriert sehen könnte, wirklich nur innerhalb der Arbeitszeiten digital erreichbar zu sein, hat vermutlich noch keine großen Erfahrungen mit der Differenz zwischen Darstellung und Handlung in Organisationen gemacht. Nur weil man auf der Schauseite zeigt, dass man digitale Achtsamkeit für wertvoll hält, heißt das nicht, dass sich das faktische Verhalten in der Organisation dadurch ändern muss. Das Gleiche gilt für die interne Schauseite, auf der die Erzählungen und Werte gepflegt werden, die ein Unternehmen hochhält. Natürlich kann man mit Mitarbeitenden Workshops machen, in denen man gemeinsam reflektiert, wie oft man das Smartphone in die Hand nimmt, um nach neuen Nachrichten zu sehen. Man kann einander versichern, dass man es sich nicht übelnimmt, wenn die Antwort auf die Mail erst einen Tag später kommt. Und die Ansprache des Vorstands, dass es wichtig ist, »aufeinander zu achten und sich gegenseitig auf Zeichen von Überlastung zu überprüfen, die ja schnell auftreten kann! Weil hier alle gemeinsam das Beste wollen und oft bereit sind, mehr zu tun als sie sollten,« hört sich auch wirklich gut an und hat vielleicht sogar Wirkung – bis zum Ende der Woche. Denn Dreh- und Angelpunkt des Gefühls, dass man erreichbar sein muss, bleiben die Arbeitszusammenhänge. »Der Arbeitsfluss trägt sich selbst«, beschreibt es Luhmann. Ein mindful mindset und die Bitte der Organisation, man soll auf sich Acht geben, helfen wenig, wenn der Kontext der zu erledigenden Aufgaben sich nicht geändert hat.

Es gibt zwar individuelle Verteidigungsmöglichkeiten. Um Ruhe im Arbeitskontext zu erreichen, wäre eine Möglichkeit, die nötigen Zeiten im Terminkalender rauszublocken. Allerdings ist alles, was erkennbar ohne andere Beteiligte stattfindet und keine drängende Frist hat, durch die Organisation kaperbar. Luhmanns Vorschlag, wie man dies verhindern kann ist, »nichtkooperatives Verhalten als kooperatives zu veranstalten« (aus »Die Knappheit der Zeit und die Vordringlichkeit des Befristeten«, 1968). Man vereinbart Termine mit Kolleg:innen, vielleicht trifft man sich sogar – aber der eigentliche Plan ist es, einander nicht zu behelligen und mit den eigenen Projekten vorwärtszukommen. Aber dadurch, dass es ein Termin ist, versteht die Organisation: »Stört uns nicht. Wir diskutieren.« Und man kann sich aus Chat, E-Mail und Telefon ausklinken, ohne unter Rechtfertigungsdruck zu geraten.

Solche Work-Arounds sind nur aber so lange brauchbar, wie sie auf individueller Ebene verbleiben. Das unausweichliche Folgeproblem, wenn viele Mitglieder sich auf diese Weise ihre Zone der digitalen Unerreichbarkeit erzwingen ist, wenig überraschend, dass die Mitglieder schlechter erreichbar sind. Das muss nicht unbedingt zu einem Problem werden. Man kann sich vermutlich Inspiration von Organisationen holen, für die digitale Kommunikation nur eine untergeordnete Rolle spielt. Das ist besonders dort der Fall, wo die Arbeit Präsenz an bestimmten physischen Orten erfordert – auf einem Kran, im Kindergarten oder in einer Notfall-Ambulanz. Hier findet man Organisationen, die eine vorbildliche Kultur der digitalen Achtsamkeit vorleben. Da für die Arbeitszusammenhänge irrelevant ist, was online passiert, kann man sich der digitalen Welt entziehen, ohne dass formale oder informale Folgen drohen.

Der daraus abzuleitende Rat ist nicht, das Internet abzuschalten. Es geht mehr darum, der Frage nachzugehen, wie die digitale Anspielbarkeit in der Organisation eine so große Rolle eingenommen hat, dass man schon Sanktionen erwartet – zumindest informale, begonnen mit der Formulierung, »es ist wirklich schwer dich zu erreichen!« – wenn man nur in den Flugmodus geht. Das passiert nicht per Befehl von oben, sondern wächst als Erwartungsstruktur in der Informalität. Wie kommt man aus diesem Zustand wieder heraus? Wie nahezu immer führt die Lösung für eine Frage der Unternehmenskultur auch in diesem Fall über die Formalität – denn diese entscheidet, wie die Mitglieder miteinander arbeiten.

Eine erste Idee ist es, zu digitaler Abstinenz zwingen – etwa indem die Firmenserver ab einer bestimmten Uhrzeit keine Daten mehr senden und empfangen. Aber damit würde man nur das sichtbare Problem lösen und einige Folgeprobleme verursachen – zum Beispiel das Verlagern von Kommunikation auf private Mailadressen. Was digitale Achtsamkeit eigentlich verhindert, ist die stets erlebte Dringlichkeit. Wenn die Aufgabe bis morgen warten könnte, würde man es nicht noch abends ansprechen.

Um diesen Bann zu brechen, gibt es verschiedene Möglichkeiten. Die schlechteste ist vermutlich, die zeitliche Dimension für irrelevant zu erklären. Wenn es keine Konsequenzen in der Organisation hat, dass zeitliche Absprachen nicht eingehalten werden, wirkt das deutlich entspannend auf die Mitglieder. Man muss allerdings mit einer sehr irritierten Umwelt rechnen. Üblicherweise wird öffentlichen Verwaltungen vorgeworfen, nach diesem Prinzip zu arbeiten. Theoretisch ist es auch möglich, Zeitersparnisse auf Kosten der Sozialdimension vorzunehmen und durch strenge Verregelung der Kommunikationswege und Reduktion aller Kontaktflächen die Koordination von Aufgaben straff und effizient zu halten. Dann hat man sich allerdings digitale Achtsamkeit zum Preis von sozialer Unachtsamkeit erkauft. Eine eher für Einzelfälle brauchbare Möglichkeit ist es, die begrenzte Zeit in die Sachdimension abzuleiten und bei Projekten Abstriche in der Qualität hinzunehmen. Die einzige strukturell brauchbare Lösung ist vermutlich diese: Die Aufgabenbewältigung darf sich nicht in der bisherigen Stärke auf die Zeitdimension auswirken. Dies geht, indem die Organisation die Menge an Aufgaben, die Mitglieder bewältigen müssen, zurückfährt, oder indem sie mehr Personal zur Verfügung stellt, dessen Zeit mit in die Erfüllung der bestehenden Aufgaben fließt.

Dann erst haben Mitglieder die Möglichkeit, ihre Erreichbarkeit selbst zu steuern und eine Form von digitaler Achtsamkeit zu praktizieren – wenn ihre Arbeitszusammenhänge es zulassen. Es ist also ein Ineinandergreifen von formalen und informalen Strukturen, das Achtsamkeit in Unternehmen ermöglicht oder verhindert. Was im Weg steht oder was hilft, ist dabei von Fall zu Fall so unterschiedlich, wie die Organisationen, in denen es passiert. Die konkreten Praxisbeispiele von Sophia und Lukas bieten deswegen hilfreiche Denkanstöße, mit denen sich die eigene Position besser bestimmen lässt. Denn selbst, wenn man aus organisationsoziologischer Perspektive traditionell skeptisch bleibt, darf man sich von der Praxis durchaus überraschen lassen.

Dr. Judith Muster, Universität Potsdam 2021

Check-in

Zu Beginn, eine Frage:

Was hast du liegengelassen, um in diesem Buch zu lesen?

Falls du möchtest, kannst du gerne die Dinge, die dir gerade durch den Kopf gehen auf diese Linien schreiben. Der Vorteil ist, du reduzierst die Wahrscheinlichkeit deinen Lesefluss zu unterbrechen, um alternativen Gedanken hinterherzujagen und kannst in einer Lesepause ganz leicht den Faden wieder aufnehmen.

....

....

....

....

....

....

....

....

....

....

....

....

Herzlichen Glückwunsch. Du schenkst deine Aufmerksamkeit nun voll und ganz dem Thema digitale Achtsamkeit. Und das zum allerbesten Zeitpunkt: *jetzt*. Wo alles gut ist und andere Gedanken, Sorgen und Zwänge warten können.

Wir werden gemeinsam mit dir auf den folgenden Seiten die Verbindung aus Achtsamkeit und digital vernetzter Zusammenarbeit erkunden. Bewusst integriert in einen dynamischen Arbeitsalltag, unterstützt von Technologie und mit Fokus auf eine Verankerung in Organisationen.

Falls es dir so vorkommt, dass die Flut an virtuellen Meetings, E-Mails und Benachrichtigungen auf dem Smartphone in den vergangenen Monaten von einem bereits hohen Niveau noch einmal deutlich gestiegen ist, können wir dein Gefühl bestätigen. Von Anfang 2020 bis Anfang 2021 haben Online-Meetings noch einmal um mehr als das Doppelte in ihrer Dauer zugenommen. Allein Microsoft verzeichnet einen Anstieg um 41 Milliarden E-Mails im Februar 2021 gegenüber Februar 2020. Wir Menschen greifen inzwischen im Durchschnitt 88-mal am Tag zum Smartphone und verbringen im Schnitt 3,7 Stunden am Bildschirm aus der Hosentasche. Tendenz weiter steigend.

Wir wollen uns gemeinsam auf das fokussieren, was wir beeinflussen können. Den Umgang mit unserer Aufmerksamkeit. Die Entscheidungen, ob wir uns von einer App steuern lassen oder das Ruder selbst in die Hand nehmen wollen. Welche Rahmenbedingungen wir in Organisationen gestalten wollen, damit konzentrierte Arbeit, erfolgreiche Zusammenarbeit und digitale Vernetzung gefördert werden.

Bevor es losgeht, noch eine zweite kurze Frage: *Warum bist du hier?*

Nicht philosophisch allgemein, sondern konkret: warum hältst du dieses Buch in den Händen? Was erwartest du dir vom Lesen dieses Buchs? Möchtest du etwas Bestimmtes lernen, ausprobieren oder vielleicht in deiner Organisation verändern? Was hat dich ursprünglich gereizt, neben einer allgemeinen Neugier?

Schreib auch diese Punkte gerne auf, damit du deine ursprüngliche Absicht nach dem Lesen mit deiner tatsächlichen Erfahrung abgleichen kannst.

....

....

....

....

....

....

....

....

....

....

Dieses Buch ist für alle, die mit Klarheit, Mut, Gelassenheit und Wertschätzung unsere Welt im Hier und Netz lebenswert machen. Dieses Buch ist für dich.

Jetzt aber los.

Achtsamkeit im Arbeitskontext

Raus aus dem Kloster, rein ins Meeting …

Diese Gegenüberstellung zeichnet die Widersprüchlichkeit, die viele von uns im Kopf haben, wenn sie an Achtsamkeit und digitales Arbeiten denken. Wir sind davon überzeugt, dass die Integration von Achtsamkeit in den beruflichen Alltag mit all seiner digitalen Dynamik uns wesentlich voranbringt. Dich erwartet also nicht die Anleitung zum achtsamen Leben und achtsamen Erleuchten. Natürlich hat jedes Kloster-Seminar, jede Vipassana Meditation oder das Waldbaden mit Bäume-Umarmen seinen genau passenden Kontext. Abgrenzend dazu geht es im Folgenden, um die Qualität der Achtsamkeit beim Arbeiten, besonders um die digitale Zusammenarbeit.

Die Lesereise führt uns raus aus dem Kloster und rein in den achtsamen Geschäftstermin, um praxisnah aufzuzeigen, dass Achtsamkeit nicht nur der nächste Hype von »New Work Enthusiasten« ist, sondern wissenschaftlich fundiert einige entscheidende Vorteile für Wirtschaft und Unternehmertum eröffnen kann. Vorausgesetzt Organisationen und Führung lernen diese Qualität wirksam auszubilden und einzusetzen.

Die Reise beginnt an der Talstation »Achtsamkeit«, um ein gemeinsames Verständnis zu etablieren und mit dem ein oder anderen Mythos aufzuräumen.

Definieren wir Achtsamkeit gibt es in der Literatur zig unterschiedliche Beschreibungen, bei denen der Schwerpunkt entweder eher auf die Fokussierung der eigenen Gedanken gelegt ist oder aber auf die Offenheit und das Mitgefühl gegenüber anderen. Für uns sehr treffend und praktisch anwendbar ist die oben genannte Definition des Molekularbiologen Jon Kabat-Zinn, der durch seine Aktivität rund um »Mindfulness Based Stress Reduction« große Meilensteine erzielte, die das Thema auch in der westlichen Welt salonfähig machte.

Bereits auf den ersten Seiten dieses Buches haben wir die Einlassung von Kabat-Zinn erwähnt: »Mindfulness is the awareness that arises from paying attention on purpose, in the present moment and non-judgmentally.«

Es handelt sich bei Achtsamkeit also um:

(a) eine klare, hellwache und lebendige Aufmerksamkeit,

(b) die im Hier und Jetzt mit Offenheit wahrnimmt

(c) und diese bewussten Wahrnehmungen ohne Bewertung stehen lässt.

Achtsamkeit ist bildlich gesprochen eine Art *Panorama-Bewusstsein*. Wie bei einem Weitwinkel-Objektiv können wir eine große Breite an Signalen und Möglichkeiten im gegenwärtigen Moment aufnehmen. Zeitgleich gelingt uns ein bewusster Fokus auf Details und wir gewinnen an Tiefenschärfe.

Beziehen wir das gleich auf unseren virtuellen Geschäftstermin. Entsprechend dieser drei oben genannten Qualitäten kommt jede Führungsperson gut vorbereitet, pünktlich und mit voller Präsenz in einen Termin. Er oder sie weiß gezielt, was es zu erreichen und beizutragen gilt. In der Videokonferenz sind die Gedanken bei der momentanen Sache, nicht beim nächsten Meeting oder beim Wochenend-Abenteuer mit der Familie. Kommt eine Nachricht auf dem Smartphone an, wird diese wahrgenommen und die Ablenkung bewusst wieder ziehen gelassen. Die anwesenden Personen erkennen die Dynamiken des Termins und nehmen die Stimmen, Bilder, Inhalte der anderen aufmerksam in ihrer Fülle wahr. Die Kollegin präsentiert ein neues Thema. Alle nehmen es offen auf und hören zu ohne die Person, den Vortrag oder den Inhalt gleich impulsiv zu bewerten. Erst nach einer bewusst gesetzten Reflexionszeit erfolgt eine wertschätzende, kritische Feedbackrunde. Jede:r nimmt entsprechende Aufgaben mit und der Termin wird pünktlich beendet.

Die Realität, die wir beobachten zeichnet eine andere Welt. Hektisch springen die Menschen von einem virtuellen Raum zum nächsten, die eine Hälfte kommt zu spät, die andere Hälfte hat sich nicht vorbereitet, das Briefing Papier nicht gelesen und sieht erst jetzt, dass der Termin gar nicht wie gewohnt in Skype stattfindet. Kann der Termin dann nach 10 Minuten starten, sitzen die einen schon nebenbei an E-Mails, Threema Nachrichten und bekommen nur noch Bruchstücke der Präsentation mit, die die Kollegin vorstellt. Da die Zeit schon fast rum ist, sagt jeder noch schnell, wieso diese präsentierte Idee so nicht funktionieren wird, und alle verlassen schnell den Termin mit einem flüchtigen »Danke für die Vorbereitung – die PowerPoint schicken Sie ja sicher noch rum«.

An der Stelle gleich die erste Entlastung und friedvolle Einordnung. Diese dem ein oder anderen bekannte Szenario-Beschreibung dient nicht dazu aufzuzeigen, welch inkompetenten Führungspersonen in unseren Unternehmen arbeiten. Schon gar nicht geht es hier um das »falsche Mindset«, das so gerne in dem Zusammenhang ausgerufen wird.

Auch wir müssen in der Retrospektive zugeben, dass eine Vielzahl unserer Geschäftstermine genauso ablief. Wir erkennen hier ein Muster von Organisationen, in denen sich formale Strukturen und informale Meeting-Kulturen etabliert haben, die keinen achtsamen, wirkungsvollen Arbeits- und Führungsalltag fördern. Die Liste dieser Phänomen-Beobachtungen ist lang, somit belassen wir es für diesen Moment dabei und fokussieren zurück auf die Qualität der Achtsamkeit, um noch besser verstehen zu können, wieso wir überzeugt sind, dass sie zu einer neuen Wirksamkeit in Unternehmen verhilft.

Achtsamkeit geht auch ohne Schneidersitz

Dazu wollen wir die Achtsamkeit an der ein oder anderen Stelle entmystifizieren. Denn wie es mit »Hype«-Themen gern der Fall ist, wird auch die Achtsamkeit inflationär für verschiedenste Dinge verwendet: vom meditierenden Mönch im Schneidersitz, Räucherstäbchen oder spirituellen Ritualen, über Wellness und Wohlfühlen bis hin zu Konzentration und Stressbewältigung.

Schon die oben genannte Achtsamkeits-Definition zeigt: mit Religion oder Spiritualität hat diese weite Aufmerksamkeitsform und offene Präsenz erst einmal nichts zu tun. Auch steckt im Begriff Achtsamkeit nicht umsonst der Bezug zum mittelhochdeutschen Wortstamm »ahden«, was so viel heißt wie bewusstes Wahrnehmen mit Sinn und Verstand. Sind wir also »achtsam«, dann sind wir hellwach, klar und präsent. Wir nehmen offen und ohne Bewertung wahr, was uns alles in eben genau diesem Moment umgibt.

Das widerspricht dem Alltagsverständnis von Wellness, Dösen und entspannt die »Seele baumeln lassen«.

Die verankerte Assoziation mit der Meditation im Schneidersitz ist vermutlich darauf zurückzuführen, dass die Achtsamkeit und ihre Praktiken ihren Ursprung im östlichen Raum haben – im Buddhismus. Die Konzepte sind mehrere tausend Jahre alt und vor allem durch Dokumentationen und Schriften aus Zen-Klöstern zu uns in den westlichen Raum überführt worden.

Darüber hinaus wird die Meditation immer wieder als die effektivste Formalpraxis erforscht und diskutiert, um die Fähigkeit »Achtsamkeit« zu trainieren. Dem gegenüber stehen informelle Praktiken, in denen wir achtsame

Züge indirekt in unseren Alltagsaktivitäten trainieren können. Das sind Dinge wie spazieren gehen, Staubsaugen, Duschen, Kochen, oder ein langer Lauf durch den Wald. Informellen Übungen sind in ihrer Individualität keine Grenzen gesetzt, aus diesem Grund eignen sie sich hervorragend zur Integration in den Tagesablauf, den du üblicherweise eh kultivierst.

Zurück zum formalen Meditieren: So zeigen die Studien der letzten zehn Jahre aus Gießen, Harvard und dem Max-Planck-Institut, dass ein tägliches Meditieren von 20–30 Minuten nach zwei bis drei Monaten zu bereits messbaren Veränderungen in unseren Gehirnstrukturen führt. Dazu gleich fortfolgend mehr in unserem neuralen Ausflug.

Meditation ist mit Blick auf die Achtsamkeit somit vergleichbar mit dem disziplinierten Training auf der Schwimmbahn, während es viele andere kleinere Praktiken der Achtsamkeit gibt, mit denen du dich eher in den sprudelnden Whirlpool setzt. Und das ist ok, denn jede:r, der oder die Achtsamkeit trainieren und in Organisationen kultivieren will, verfolgt eine andere Zielsetzung. Sich diese bewusst zu machen und klar zu formulieren, ist einer der besten Ausgangpunkte für eine erfolgreiche Transformation und hat bereits sehr viel mit Achtsamkeit zu tun. Durchschnittlich oft ist der Einstieg ins warme Wasser sogar der erfolgreichere und nachhaltigere Weg in die Verhaltensveränderung. Fangen wir gleich damit an das gesamte Unternehmen und die traditionellen Arbeitsstrukturen verändern zu wollen, könnte dies dazu führen, dass wir relativ schnell frustriert an Energie verlieren. Beginnen wir aber mit der strukturellen Verankerung von Mikro-Praktiken, die in unserem direkten Kontroll- und Einflussbereich liegen, stärken wir Achtsamkeitsroutinen, die sich nachhaltig stabilisieren.

Wichtig ist als Abschlussgedanke zu verstehen, dass Achtsamkeit auch kultiviert werden kann, ohne in der Meditation zu sein. Das verursacht vermutlich bei allen denen ein erleichterndes Aufatmen, die Meditation und Arbeit gedanklich überhaupt nicht zusammen bekommen.

Und selbst auf der Ebene der Meditation gibt es inzwischen viele Variationen, die gezielt unterschiedliche Qualitäten trainieren und bei denen man in den seltensten Fällen im Schneidersitz verweilt. Eine deutliche Trennung kann man zwischen drei Wirkungsarten in der Meditation machen: 1) der fokussierenden, 2) der öffnenden und der 3) verbindenden Wirkung.

Picken wir uns die erste Wirkungsart heraus. Die fokussierenden Meditationstechniken richten die Aufmerksamkeit auf unser Inneres, auf einen spezifischen Punkt im äußeren Umfeld oder aber auf eine imaginäre Situation. Wir sensibilisieren hiermit unsere Fähigkeit, uns selbstbestimmt auf etwas Bestimmtes wie eine Aufgabe zwischen vielen tausenden To-dos zu konzentrieren. Diese Technik beruhigt das Gedankenchaos – unser Monkey Mind – und erhöht die Selbstkontrolle über die eigene Konzentration. Genau dann, wenn wir im Alltag nicht mehr genau wissen, wie wir die Bälle (der Themen) noch in der Luft jonglieren sollen. Eine hilfreiche Übung kann hier sein:

Sich für eine Minute auf einen spezifischen Gegenstand zu konzentrieren, der sich in deinem direkten Blickfeld befindet. Nimm als Hilfsmittel eine Uhr oder dein Smartphone und stelle einen Timer auf 60 Sekunden. Nun bring deine ganze Aufmerksamkeit in Richtung des ausgewählten Gegenstands. Schau dir die Form an, die Farbe, die Struktur. Aus welchem Material besteht der Gegenstand? Nimm all diese Eindrücke wahr. Es ist normal, wenn dabei deine Gedanken beginnen, nach links und rechts zu wandern. Lass sie wandern, setz einen Stopp-Moment und bring deinen Fokus zurück auf den Gegenstand. Erinnere dich, du hattest die Absicht, dich auf den Punkt zu fixieren. Übe das immer wieder entlang des Tages für eine Minute. Mit etwas Training wird es dir leichter fallen, deine Gedankenblasen zu beobachten, zu lenken und selbstbestimmt zu entscheiden, auf was du dich konzentrierst.

Bereits Albert Einstein scheint ein Freund dieser Übung gewesen zu sein. Von ihm wurde überliefert, dass er – um Überforderung zu vermeiden – oft lange in der Badewanne saß und den Schaumblasen zusah. Niemand konnte ihn in dieser Zeit sprechen. Er dachte nach und sah den Blasen zu.

Nach dem Aufräumen und Differenzieren der üblichen Assoziationen zu Achtsamkeit in der Alltagssprache, schärfen wir den Achtsamkeitsbegriff weiter.

Jeder Achtsamkeitsprozess beginnt mit einem Innehalten und einer Entkopplung von Dingen, mit denen wir fälschlicherweise verhaftet sind, ja uns meist sogar tief damit identifizieren. Das kann das Projekt sein, eine Position in der Firma, die große Liebe aber auch etwas Materielles wie das Haus, Geld und Luxus. Unsere vernetzte Welt verstärkt diese Anhaftung, denn durch das

Internet und die sozialen Medien treten wir immer mehr im Außen in die Resonanz mit anderen. Wir werden gehört und gesehen, wir werden geliebt und gehören dazu. Was auf der einen Seite berauschendes Endorphin und Dopamin bei uns sozialen Verbindungswesen auslöst, führt auf der anderen Seite zu einem viel stärkeren Abgleichen mit anderen, ihrem Lebensstil und ihrem Besitz. Trainieren wir uns also in Achtsamkeit gewinnen wir an Selbststeuerung und Wirksamkeit zurück. Wir entscheiden, wann wir in die Ströme von »Likes« und Kommentaren abtauchen und wann wir uns bewusst distanzieren. Distanz steht hierbei für das Einnehmen einer offenen Metaperspektive, aus der wir das »Like«-Phänomen neben vielen anderen in diesem gleichen Moment neugierig wahrnehmen. In dieser Beschreibung, die oft auch als *Panorama-Bewusstsein* bezeichnet wird, erkennen wir den Unterschied zwischen Achtsamkeit und Konzentration. Konzentrieren wir uns auf eine Aufgabe, einen Gegenstand, darauf unseren Blick zu fokussieren – dann richten wir unsere Aufmerksamkeit gezielt auf diesen begrenzten Bereich der Wahrnehmung. Oft erleben wir dies in Flow artigen Zuständen, in denen wir wie in einem Tunnel, energetisch aufgeladen an einer Sache arbeiten oder aber auch im Zustand des stressbedingten Funktionierens. Hier hat sicher jeder schon mal erlebt, wie links und rechts die Scheuklappen dazu dienen weitere Reize auszublenden, um alle Bälle in der Luft zu jonglieren und schneller rennen zu können. In beiden Zuständen ist das Level der Konzentration enorm hoch, es ist aber bei der Konzentration eine entgegengesetzte Wahrnehmungsausrichtung als die im Zustand der Achtsamkeit. Hier wird der Fokus nicht eingeengt, sondern bewusst weitgestellt für alle Reize, Empfindungen, die in diesem Moment da sind. Beide Aufmerksamkeitszustände sind wichtig und ergänzen sich im Leben und Arbeiten. Wir verlernen nur immer mehr aus dem Sich-Zurückziehen, Sich-Vergraben und in Arbeit-Abtauchen, rauszukommen in eine gegengesetzte Energie und Metaperspektive, die von Neugier, Offenheit und Sich-Aufschließen geprägt ist.

Vielleicht kommt dir jetzt die kluge Frage: Wieso fokussieren wir auf unseren Atem oder einen spezifischen Gegenstand wie eben in der Übung erfahren, wenn wir Achtsamkeit trainieren? Macht uns das nicht eher eng und begrenzt das Wahrnehmungsfeld, statt uns zu öffnen und empfänglich zu machen?

Konkret beantwortet: ja. Wir erzeugen hier im ersten Moment einen eher gegenläufigen Effekt. Dieser dient allerdings sehr wirkungsvoll dazu, sich heranzutasten an die Fähigkeit, den Geist ganz ruhig werden zu lassen und in dieser Gedankenstille die Weite der Wahrnehmung zu kreieren. Ein Mensch, der seit vielen Jahren Achtsamkeitspraktiken übt, braucht mit der Zeit nicht mehr den Fokus auf den Atem oder Gegenstand, um sich in den gewünschten Meta-Zustand zu begeben.

Dieses Beruhigen des Gedankenchaos in unserem Kopf braucht Zeit und intensives Training. Dies liegt in der Natur des Gehirns, das pro Tag circa. 40–60.000 Gedankensplitter produziert. Wir denken in Plänen, To-do-Listen und Zukunftsszenarien oder schwelgen in Erinnerung an den letzten Urlaub. Diese Ketten gilt es zu unterbrechen, nicht weil sie schlecht sind, sondern weil es bei Achtsamkeit darum geht, selbst zu kontrollieren, wann unser Kopf träumt, plant, schwelgt oder – bewusst im Hier und Jetzt wahrnimmt.

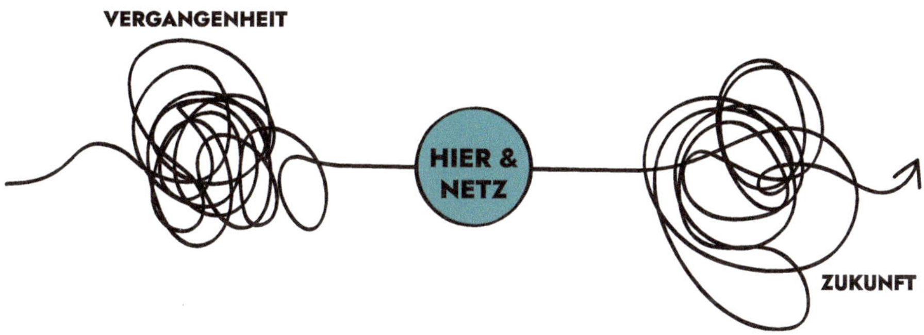

47 % unserer Zeit sind wir nicht im »Hier und Netz« (Killingsworth, Gilbert, 2010)

Ähnlich ist es mit der Fähigkeit in Sekundenschnelle eine Entscheidung zur Bewertung einer Situation oder Person zu treffen. Dies resultiert aus den Gegebenheiten vor zwei Millionen Jahren, in der unsere heutige Gehirnstruktur wesentlich geprägt worden ist. Es ging um das Überleben oder gefressen werden. Somit waren die Vorfahren klar im Vorteil, die schnell bewerten konnten, ob es sich um eine Gefahr handelte. Das ist auch der Grund, wieso wir Menschen negative Phänomene meist fokussieren und stärker wahrnehmen. Grundsätzlich ist also die Fähigkeit der impulsartigen Bewertung per se nichts Verkehrtes. Sie macht uns sehr leistungsfähig und effizient, wenn wir im Alltag entscheiden müssen, wie wir mit neuen Situationen und Begegnungen umgehen. Um zu Überleben – denkt unser Gehirn. Nur dass wir heutzutage in unserer privilegierten Welt der Unternehmen, in den seltensten Fällen auf der Flucht vor dem Säbelzahntiger sind – hin und wieder vielleicht vor der Chef:in. Wir können im Zustand der Achtsamkeit diese impulsive Bewertung durchbrechen und erzielen dadurch eine ganz andere Offenheit und Neugier gegenüber neuen Erfahrungen und Menschen. Vorurteile und Schubladendenken triggern uns somit weniger, wir kultivieren den Wert eines respektvollen und wohlgesonnenen Umgangs – vor allem mit der Vielfalt und Andersartigkeit.

Und schreiben sich nicht alle großen und kleinen Unternehmen genau dies in ihren Wertekompass und ihre Firmen-DNA? Wir bekommen also einen ersten Eindruck, was Achtsamkeit im Arbeits- und Führungskontext zu suchen hat. Bevor wir diese organisationale Wirksamkeit weiter beleuchten, wagen wir einen Ausflug.

Ein neuraler Ausflug in unser Gehirn

Um die Fähigkeit ›Achtsamkeit‹ und vor allem ihre nachgewiesenen Auswirkungen auf uns und unser Umfeld besser zu verstehen, sollten wir einen Ausflug in die Neurowissenschaft wagen. Diese hatte in den letzten sieben bis zehn Jahren Durchbrüche bei der Erforschung unserer Gehirnaktivität. Wir wissen sicher, dass unser Gehirn die Eigenart der Neuroplastizität aufweist. Synapsen, Nervenzellen oder auch ganze Hirnarealen verändern ihre Anatomie und Funktion immer mit dem Ziel, sich für laufende Prozesse nutzungsabhängig zu optimieren. Denn das Naturell unseres Gehirns ist das Streben nach Energiereduktion. Nicht aus einer »Netflix&Chill«-Laune heraus, sondern um dein Überleben abzusichern. Ein hoher Energieverbrauch bedeutet, dass wir mehr Nahrung zu uns nehmen müssen, damit der Körper funktionsfähig bleibt. Denkst du dich nun zurück in die Zeit unserer Urvorfahren, bedeutete ein höherer Energieverbrauch häufiger auf eine lebensgefährliche Jagd zu gehen. In unserer heutigen Zeit, in der viele Gesellschaftsteile im Überfluss leben, wo sich unser Jagdgebiet auf den Supermarkt oder die Lieferando-Speisekarte begrenzt, wirkt diese Vorstellung für den ein oder anderen albern und skurril. Aber anders als die Technologie, die rasend schnell in Jahreszyklen Quantensprünge erlebt, benötigt unsere Evolution Millionen von Jahren. Eine Zahl, die uns anspornen sollte, dem Gehirn und unserem Körper mehr Aufmerksamkeit, Verständnis und Training zu widmen. Denn wir können uns selbst praktisch unterstützen, kurzfristige Anpassungen unseres Körpers positiv mitzugestalten, die durch neue digital vernetzte Arbeits- und Lebensweisen notwendig werden.

Dies führt uns zur Meditation, einer jahrtausendealten mentalen Praxis, deren Auswirkungen wir erst in den letzten zehn Jahren der Neurowissenschaft fundiert erforschen konnten.

Es wurden Untersuchungen mit Proband:innen gemacht, die regelmäßig meditieren. Um hier in neueren Studien eine Norm zu erreichen, was »meditieren« bedeutet, fokussierten sich Forscher aus Gießen und Harvard auf die standardisierte MBSR-Praxis (Mindfulness based stress reduction). Nach acht Wochen, in denen die Programmteilnehmer:innen jeden Tag 20–30 Minuten meditierten, zeigten sich zwei deutliche Veränderungen: Subjektiv gaben alle Probanden an mit Stress besser umgehen zu können, objektiv konnte im Scan des Gehirns deutlich ermittelt werden, dass sich Strukturen signifikant verändert hatten.

Vom Brände löschen in den Panorama-Überblick

Lassen wir uns noch einmal den Begriff der Achtsamkeit auf der Zunge zergehen, so wird damit eine Aufmerksamkeit im Hier und Jetzt in ganzer Fülle beschrieben. Wir beobachten förmlich uns selbst, unsere Gedanken und alles um uns herum aus einer Vogelperspektive und nehmen diese Meta-Sicht einfach nur wahr. Beobachten wir die ›Spezies‹ Führungsperson im Unternehmenskontext, dann sehen wir oft, wie Personen im Unterschied dazu in höchster Drehzahl einen Brand nach dem anderen löschen. Viele beschreiben, dass sie bei der Fülle der Themen und der Komplexität nicht mehr aus dem Reagieren herauskommen. Um weiterhin wirksam zu bleiben, verengen wir unser Wahrnehmungsfeld und filtern radikal im Tunnelblick. Die Gefahr besteht hierbei, dass wir meist in ein sehr funktionales Abspulen von erlernten Verhaltensmustern kommen ohne Reflektieren, Mitdenken oder ohne etwas mit anderen Perspektiven anzureichern. Wir verlieren den Blick für das Wesentliche, weil wir es nicht mehr schaffen uns zu entschleunigen, einen Schritt beiseitezutreten oder von oben aus der Meta-Ebene zu beobachten.

»Zwischen Reiz und Reaktion liegt ein Raum. In diesem Raum liegt unsere Macht zur Wahl unserer Reaktion. In unserer Reaktion liegen unsere Entwicklung und unsere Freiheit.«

– Viktor E. Frankl

Die Digitalisierung verstärkt dieses Gefühl, denn plötzlich sind wir nicht mehr nur noch am Telefon oder per E-Mail erreichbar, sondern über zig Nachrichten Apps, Communities in den Sozialen Medien, Videokonferenzen, Experten Foren und virtuellen Arbeitsgruppen. Die schlagartige Verschiebung in 2020 hin zu reinen remote oder hybriden Arbeitsumfeldern hat diese Dynamik noch verschärft. Der jährliche Report zu den Arbeitstrends (Work Trend Index aus April 2021) von Microsoft zeigt, dass sich die Zeit und Anzahl von online Treffen mehr als verdoppelt hat. Wir chatten 40 % mehr als noch ein Jahr zuvor. In Anbetracht dieser Zahlen verwundert es nicht, wieso neue Wortkreationen entstehen und viral gehen, und viele Berufstätige »mütend« ein Zoom-Fatigue erleben.

Ein Ausweg aus der Erschöpfung? Menschen, die durch Achtsamkeitspraktiken trainiert sind, beschreiben, dass es ihnen wesentlich leichter und schneller gelingt, das Hamsterrad und ihren Tunnelblick zu kontrollieren und wieder in einen Panorama-Blick zu erweitern. Sie nehmen wahr, in welchem Gesamtkontext sie selbst und ihr Projekt stehen und welche Stellhebel sie strategisch drehen müssen, damit ihr Thema ein Erfolg wird. Führungspersonen, die Achtsamkeit für sich kultiviert haben, sind sich ihrer eigenen Präsenz und die der anderen um sie herum bewusster. Ihre Wahrnehmung ist so sensibilisiert, dass sie physische Signale und Bedürfnisse an sich und anderen beobachten, verstehen und in die Interaktion bringen. Ihre Fähigkeit ist so trainiert, dass sie situativ kontrollieren: bin ich präsent und konzentriert im Hier und Jetzt, oder bin ich strategisch planerisch bewusst in der Retrospektive oder der nach vorne orientierten Szenarioarbeit. Das ist Agilität im Kopf. Achtsame Führungspersonen bekommen oft von ihren Mitarbeiter:innen zugeschrieben, besonders visionsstark zu sein und viel Wert auf einen konkreten Sinn und Zweck für Arbeit und Organisationen zu legen, um einen relevanten Beitrag für die Kunden des Unternehmens zu leisten. Und welches Unternehmen hat nicht auf seiner Agenda: mehr purpose und mehr customer centricity.

Erst Mensch und Interaktion, dann alles andere

Schauen wir uns Systeme wie Organisationen an, dann wird deutlich, dass Kommunikation die Grundlage aller Interaktion und damit Zusammenarbeit bzw. Arbeitsteilung bildet. Wirksame Kommunikation ist auch einer der Führungsmechanismen in Unternehmen. Doch leider sehen wir in vielen Teams und Führungsbeziehungen, dass es an Qualität fehlt, vor allem dann, wenn es in Unternehmen stürmischer und ungemütlicher zugeht. Zugespitzt könnte man behaupten – an Kultur und Kommunikation zu arbeiten wird oft als Luxusthema bezeichnet. Eine trainierte Achtsamkeit kann uns hier helfen Strukturen im Gehirn und in der Organisation so umzubauen, dass Zusammenarbeit effektiver wird.

Die Messungen im Gehirn zeigen, dass durch achtsame Praxis die graue Substanz im Hippocampus und den Regionen zunimmt, die mit Mitgefühl und Empathie assoziiert sind. In der Konsequenz fällt es achtsamen Personen leichter, sich mit sich selbst und anderen in Verbindung zu bringen – mit ihren Bedürfnissen, Emotionen, Ideen und Fähigkeiten. Diese Offenheit gegenüber der Verbindung und das Einlassen auf andere sind Schlüsselelemente, um wirksame Zusammenarbeit zu kultivieren.

Hinzu kommt, dass Achtsamkeit die Empathie und das Mitgefühl kultiviert. Empathische Personen haben sehr aktive Spiegelneuronen und somit die Fähigkeit, Empfindungen und Emotionen von ihren Menschen gegenüber zu spiegeln und zu imitieren. Das bedeutet, es werden die gleichen fühlenden Areale im Gehirn aktiviert und wir spüren die Empfindung, die unser Gegenüber signalisiert, ohne unsere eigenen Empfindungen dabei mit diesen zu verwechseln. Mitgefühl setzt hier an und beschreibt die Art und Weise, wie wir mit dieser Wahrnehmung umgehen. Mitfühlende Menschen können sehr flexibel die Perspektive wechseln und sich in andere Personen hineinversetzen. Durch Achtsamkeitstraining aktivieren wir somit die Spiegelneuronen und stärken die Zentren für Empathie und Mitgefühl. Spannender Zusatzfakt: die Spiegelneuronen unterstützen auch das Lernen, denn Menschen mit hoher Aktivität der Spiegelneuronen können beobachtetes Verhalten wesentlich schneller imitieren.

Empathie und Mitgefühl sind zentrale Fähigkeiten, die mit dem Konzept der emotionalen Intelligenz beschrieben werden. Durch Daniel Goleman ist die Theorie und das Akronym rund um den EQ (1997) bekannt geworden. Hierzu haben sich in den letzten Jahren zwei dogmatische Lager gebildet: auf der einen Seite die Anhänger der Theorie und auf der anderen Seite viele die den EQ belächeln mit der Aussage, dass es nur eine wahre Intelligenz gibt, die mittels IQ-Tests objektiv messbar ist. Ob wir uns nun streiten und von Intelligenz oder Fähigkeit sprechen: fundiert bewiesen ist, dass eben nicht nur der IQ für ein erfolgreiches Arbeiten und Leben genügt. Achtsamkeit ermöglicht uns dabei, unser Bewusstsein zu erweitern und Gedanken, Gefühle, Körper und Sein tief wahrzunehmen. Diese Selbstwahrnehmung ist das Fundament, von dem aus wir unsere Welt und die der anderen wahrnehmen. Dies erfolgt aus einer beobachtenden Distanz zu den Gedanken, Emotionen und Wahrnehmungen. Durch diese eigene Klarheit in der Wahrnehmung der Innen- und Außenwelt, werden wir zugleich aufnahmefähiger für die Wahrnehmung und Interaktion mit anderen – sei es physisch oder virtuell.

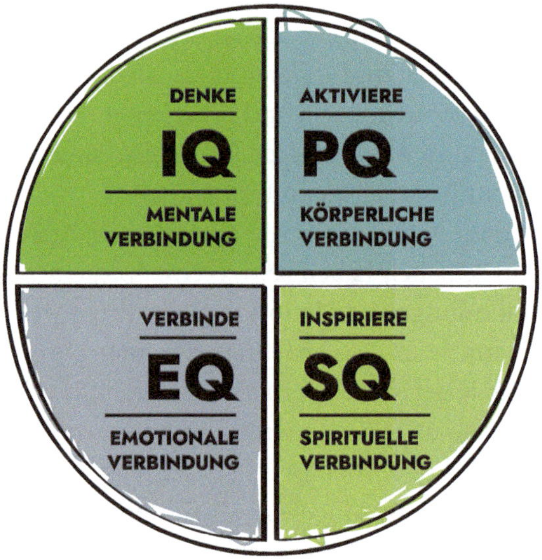

Multiple-Intelligenz-Modell nach Gardner, Goleman und Zohar

Erst wenn wir in der Lage sind, uns selbst als emotionale und soziale Wesen wahrzunehmen, zu artikulieren und unsere Reiz-Reaktionsimpulse zu kontrollieren; erst wenn wir empathisch auch wahrnehmen und verstehen, was andere uns indirekt aus ihrem Inneren spiegeln oder direkt sagen; und wenn wir diese soziale Wahrnehmung dann auch noch intelligent in die Interaktion bringen, erst dann können wir wirklich wirksam als Führungsperson sein. Der EQ steht dabei für die sozialen Rollen, die eine Führungskraft als Influencer, Teamplayer und Coach vereint. EQ-starke Menschen bieten ihren Mitarbeitenden und Kolleg:innen Wachstumsimpulse sowie Bühnen und gestalten Räume der konstruktiven Zusammenarbeit.

Schreiben sich Unternehmen also Co-Kreation und Agilität auf die Fahne, dann ist Achtsamkeit ein Weg, um mehr »Mensch und Interaktions-«Fokus und Fähigkeit zu erzielen. So lehrt es uns das agile Manifest. Ob ein Unternehmen seine Agilität erhöhen will oder nicht, in jedem Fall steigt flächendeckend die Notwendigkeit der Zusammenarbeit. Werden Marktdynamiken volatiler, Technologiezyklen immer kürzer und Problemlösung immer komplexer, steigt der Bedarf an spezifischen Experten, die ihr Wissen neu in Lösungsideen zusammenbringen müssen. Ein einzelnes, losgelöstes Arbeiten wird es immer seltener geben. Wir müssen uns mit anderen Kolleg:innen, Kund:innen und Stakeholder:innen verbinden und mit ihnen in physischen Räumen sowie virtuellen Netzwerken kommunizieren, um erfolgreich zu sein. Die emotionale Intelligenz – vor allem die Empathie und das Mitgefühl – sind der Schlüssel, um wirksam mit anderen in Kontakt zu treten. Das nimmt im digitalen Raum, in dem wir physische Distanz überwinden müssen, um authentisch Nähe aufzubauen, sogar noch zu.

Kreativität, die Offenheit für Ideen anderer

Die Welle der vielen Innovationsteams, Inkubatoren und Acceleratoren in großen Organisationen nimmt ab, viele Transformationsvorhaben sind versandet. Die Ursache dafür ist multikausal. Dennoch können zwei entscheidende Aspekte identifiziert werden, die einer Stabilisierung neuer Variationen in Unternehmen entgegenstanden. Variationen sind dabei neue Arbeitsprozesse, Produktideen, Methoden, Jobprofile und vieles mehr, das grundsätzlich erst einmal von dem abweicht, was ein Unternehmen als (allen) bekannte Norm etabliert hat. Beide Ursachen lassen sich auf die organisationale

Struktur und somit die Art und Weise zurückführen, wie in vielen großen und mittelständischen Unternehmen gearbeitet wird.

In den meisten Fällen ist zu erkennen, dass Innovationsschmieden autark und unabhängig vom Rest der Organisation gebaut wurden. Das hat sie auf der einen Seite sehr effizient und kreativ gemacht, sie auf der anderen Seite aber scheitern lassen, wenn es darum ging, die neuen Variationen zu selektieren und dann im Unternehmen zu stabilisieren. Die Folge ist, dass viele der neuen Ideen gestoppt oder vom bestehenden System überwalzt werden. Schnürt man sich dann in eher rezessiven Zeiten den Gürtel wieder etwas enger, sind diese Innovationslabore das erste was als Luxusthema wieder verschwindet.

Die zweite strukturelle Herausforderung für Kreativität und Innovation entsteht dann, wenn Organisationen sich entschieden haben, ihre Innovationschmieden integriert und nah am Bestehenden aufzubauen. Dies erleichtert zum einen die Stabilisierung und Resonanz der neuen Entwicklungen, führt aber auch dazu, dass diese Teams in ein kritisches Spannungsfeld geraten, dass alles fördert nur keine Kreativität. Es wird von diesen internen Innovationseinheiten eine Kreativität und Innovationskraft auf Knopfdruck gefordert. Dies erzeugt Druck und blockiert den Problemlösungsprozess. Jede:r kann sich in diese angespannte Situation versetzen, wenn auf der einen Seite die organisatorische Klaviatur des Meeting-Marathons gespielt werden muss, auf der anderen Seite selbstorganisiert Räume für Kreativität gefunden werden sollen. Hier genügt es eben nicht, ein paar bunte Klebezettel und neues Mobiliar zu bestellen, sondern es müssen Strukturen so neugestaltet werden, dass kreatives Arbeiten ermöglicht wird. Achtsamkeitspraktiken, die in den Alltag integriert sind, helfen dabei ein Feld zu kultivieren, in dem uns Kreatives leichter von der Hand geht. Sie formen die mentalen Strukturen von innen heraus. In Achtsamkeit trainierte Personen können ihre linke und rechte Gehirnhälfte schneller koppeln, zum Beispiel über bestimmte Bewegungsabläufe. Das Ergebnis ist, dass diese eine höhere Kapazität abrufen können, die für kreative Problemlösung benötigt wird. Mehr als jeder andere Aspekt im Leben hängt Kreativität davon ab, wie ganzheitlich und kohärent das Gehirn arbeitet. In einschlägiger Literatur findet man dazu den Begriff »ganzheitliche Gehirnaktivität«, die wir trainieren können. Wenn wir kreativ sind, gehen wir über das Bekannte hinaus. Wir lösen uns im Denken von der Vergangenheit und von den Konditionierungen. Achtsamkeit öffnet somit die Türen zur Kreativität. Betrachten wir also konkrete Innovationsprozesse, wie beispielsweise die prominente Design Thinking Methode, dann arbeiten diese

Prozesse immer mit einem Wechselspiel aus Öffnung und Schließung. Es beginnt mit dem Öffnen, denn wenn wir recherchieren, Kunden interviewen und Daten sammeln, sollten wir uns weitestgehend von bestimmten Vorurteilen, Prägungen und Sichtweisen frei machen. Dies kann durch öffnende Achtsamkeitspraktiken wie Meditation oder Mobilisierung des Körpers erreicht werden. Dann folgen die Schließung und somit auch die Fokussierung auf das Wesentliche in den Erkenntnissen oder Ideen, die wirklich machbar sind. Auch hier gibt es wirksam unterstützende Fokusübungen, die einfach in den kreativen Arbeitsprozess integriert werden können. Darüber hinaus schult das Achtsamkeitstraining bestimmte Gehirnareale, unter anderem die, die uns mit mehr Offenheit sowie Neugierde ausstatten. Wir verspüren mehr Motivation zu experimentieren und uns mit den Ideen von anderen zu verbinden. Ein verbindendes »ja und«, mit dem wir auf den Ideen von anderen aufbauen, fällt uns viel leichter als ein »ja aber«, das jede Freiheit anders zu denken gleich im Keim erstickt. Dass die organisationale Innovationsfähigkeit immer wichtiger wird, hinterfragt niemand mehr. Mit der Digitalisierung aller Lebensbereiche, die im Jahr 2020 noch einmal global beschleunigt wurde, werden standardisierte Tätigkeiten und Prozessschritte zunehmend radikal automatisiert. Roboter und Algorithmen werden diese Standardaufgaben übernehmen, was dazu führt, dass unsere Berufe immer mehr Kreativität und Vorstellungskraft erfordern und die konzentrierte Dichte an komplexer Problemlösung steigt. Ein locker leichtes Abarbeiten von einfachen Fällen wird es nicht mehr geben. Unsere mentalen Ressourcen sind rund um die Uhr gefordert. Eine interne Studie einer großen deutschen Krankenkasse hat jüngst ergeben, dass sich viele Mitarbeitende permanent unter Strom fühlen und die einfachen Erfolgserlebnisse ausbleiben, die man früher bei Aufgaben hatte, die schnell abgearbeitet werden konnten. Wollen wir also in einem Umfeld leben, in dem Mensch, Maschine und Technologie eine Synergie ergeben und sich unterstützen, müssen wir unsere mentalen Ressourcen trainieren und weiterentwickeln. Denn macht uns nicht gerade die Fähigkeit der Kreativität und Imagination so einzigartig als Menschen?

Setzen wir gemeinsam einen Stopp-Moment mit einer weiteren Mikro-Praktik, um immer wieder ins Üben zu kommen. Sprechen wir über Gehirntraining in Kombination mit Kreativität, dann ist eine der passendsten Praktiken das Schreiben oder auch Journaling in vielen Artikeln und Methodenbüchern zu finden. Wir laden dich also ein zu einer Schreibaufgabe. Nimm dir einen Stift und eine Stoppuhr zur Hand. Beginne mit der Frage: Für was bin ich gerade jetzt besonders dankbar? Notiere dir ein bis drei Punkte. Das können kleine Dinge sein wie ein gutes Essen, Sonnenschein, ein Spaziergang mit einem Freund. Formuliere es sehr konkret. Auf diese Art und Weise stimmst du dein Gehirn ein und erzeugst ein positives Gefühl.

Als zweiten Schritt nimmst du dir nun die Stoppuhr und stellst den Timer auf 5 Minuten ein. In diesen 5 Minuten schreibst du nun aus dieser aktuellen, positiven Stimmung heraus alles auf, was dir gerade jetzt in dem Moment in den Sinn kommt. Dieses Mal folgst du keiner Frage, setzt keinen Rahmen. Es müssen auch keine korrekt formulierten Sätze sein, das können nur Wortfetzen, Aufzählungen oder Zeichnungen sein. Nimm wahr, was hier alles gerade durch deine Gedanken rauscht. Versuche deinen Stift für 5 Minuten nicht abzusetzen. Was auch immer dabei entsteht, es ist kreativ, und es kann kein richtig oder falsch geben.

Wem hier das digitale Journaling mehr liegt, kann sich statt einem Blatt Papier oder Notizbuch von Apps unterstützen lassen, zum Beispiel die 5-Minute-Journal- oder Grid Diary-App.

Wieso eignen sich deine Hände so gut für mentales Training und Kreativitätsförderung? Die menschliche Hand-Hirn-Verbindung ist eine der komplexesten und aktivsten neuralen Verbindungen. Trommeln wir auch nur mit den Fingerkuppen auf die Schreibtischoberfläche, dann erzeugt das im Gehirn eine vergleichbare Aktivität, als wenn wir den gesamten Rumpf beanspruchen. Mit unseren Händen zu schreiben ist somit ein schöpferischer Prozess, der direkt sensorisch und motorisch im Gehirn wirkt, und vor allem die rechte Gehirnhälfte stimuliert – die für Kreativität steht. Durch überkreuzende Handbewegungen verstärken wir den Trainingseffekt sogar noch. Aus diesem Grund gibt es viele Yoga und Qigong Übungen, die genau das erfordern. Durch das Überkreuzen werden die linke und rechte Gehirnhälfte in ihrer Aktivität verbunden und wir können mehr Leistungskapazität abrufen, das heißt, wir sind konzentrierter und einfallsreicher in der Lösungsfindung. Es lohnt sich also, diese sensorische und motorische Verbindung gezielt zu trainieren, vor allem, da für viele Bürotätigkeiten die Beanspruchung unserer Finger sehr eintönig ist. Das Zehnfinger-Schreibsystem mag für den einen oder die andere zwar immer noch eine Herausforderung sein, doch gewöhnen sich die Hirnstrukturen zu schnell an die einseitigen Tipp-Bewegungen auf unseren digitalen Endgeräten. Analoges Schreiben kann also niederschwellig eine gute Abwechslung bieten und alles was einen neuen Reiz setzt, erzielt einen neuen Trainingseffekt. Das wissen wir physiologisch aus dem Sport schon lange.

Resilienz und Veränderung offen annehmen

Dies geht einher mit der Offenheit für Veränderung – auch wenn sie im ersten Moment bedrohlich und schmerzhaft erscheint. Sind wir in Achtsamkeit geschult, nehmen wir solche Reize und Informationen erst einmal mit Gelassenheit und Interesse an. Wir wollen verstehen, statt bereits impulsiv zu reagieren. Organisationen und Menschen, die eine hohe Resilienz aufweisen, werden mit Belastbarkeit, Widerstands- und Veränderungsfähigkeit assoziiert. In der Forschung sind sieben Qualitäten als resilient zusammengefasst: Akzeptanz, Optimismus, Macher- statt Opferrolle, Lösungsorientierung, Verantwortung für sich selbst und andere, Fokus auf die gestaltbare Zukunft und Netzwerkfähigkeit. Achtsamkeitspraktiken stärken diese sieben Fähigkeiten, die in resilienten Organisationen vor allem auf den Ebenen Führung, interne und externe Netzwerke, dezentrale Entscheidungsstrukturen, Lernkultur, Vision und Strategie zu erkennen sind. Resiliente Menschen, Teams und Organisationen besitzen die Fähigkeit stabile Beziehungen aufzubauen, die in herausfordernden Zeiten auch als eigene »Entlastungs-Cliquen« dienen können. Sie erkennen ihre Zirkel der Macht sowie des Einflusses und wissen genau, in welchen Bereichen darüber hinaus es sich nicht lohnt Energie ergebnislos zu verschwenden. Eine Perspektive, die schon Stephen Covey in seinem Buch »7 Habits of highly effective people« (2020) skizzierte.

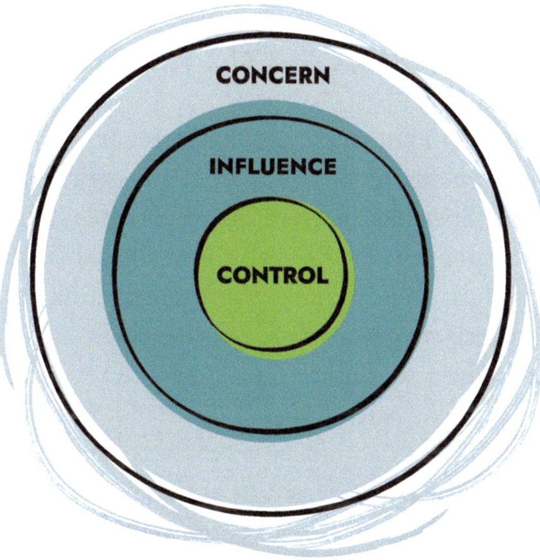

Wo kannst du Einfluss nehmen? Der »Circle of Influence« nach Stephen Covey

Menschen mit trainierter Resilienz haben den grundsätzlichen Optimismus und das Urvertrauen, dass sich immer ein Weg finden und gestalten lässt, um Probleme zu lösen, sich anzupassen oder Neues zu erschaffen. Diese akzeptierende und annehmende Gelassenheit ist Katalysator für erfolgreiche Transformationen. Wir können uns wesentlich wohlwollender und konstruktiver mit Veränderungen in unserer Arbeit und Organisation auseinandersetzen, wenn wir sie nicht einfach nur als beängstigend und bedrohend erleben. Die Angst vor Unsicherheit ist keine gute Beraterin. Sie hindert uns daran zu erkennen, welche Chancen im Neuen liegen können und das auch die neue Norm mit der Zeit wieder zur guten Gewohnheit werden kann, in der wir uns sicher und komfortabel fühlen. Kultivierte Achtsamkeit hilft Führungspersonen Unabhängigkeit zu wahren. Das heißt, sich als Teil des Unternehmenssystems zu verstehen, sich aber nicht damit zu verwechseln bzw. anzuhaften. Du bist nicht dein Job, der Prozess, dein Projekt, das Kästchen im Organigramm oder dein Monatsgehalt. Es ist gesund Leidenschaft und Verantwortung für diese Bereiche vorzuweisen. Es ist aber ungesund, wenn unsere Identifikation allein darauf fußt. Diese Freiheit und Agilität im Kopf sowie im Erleben erzielen wir, wenn wir Achtsamkeit verstehen lernen.

Lieber selbstgesteuert statt hormongesteuert

Als letzte Dimension der Achtsamkeits-Einflüsse tauchen wir tiefer ein in die Hormonwelt unseres neuralen Systems. Die Amygdala, oder auch Mandelkern genannt, ist der Speicher unserer Emotionen und entscheidet in Sekundenschnelle, ob wir eine Person oder deren Idee ausstehen können oder eben nicht. Durch ein Trainieren unserer Achtsamkeit sinkt nachweislich die graue Substanz an der Amygdala, die für die Sensorik und Verarbeitung von Stress und Angst wichtig ist. Sinken die Größe und Struktur der Amygdala, sinkt auch die funktionale Ausschüttung des Stress-Hormons Cortisol. Dieser Botenstoff ist dafür da, dass unser vegetatives Nervensystem das Signal »Alarm: höchste Gefahr« erhält. Uns durchströmt Energie, Wärme, die Sinneswahrnehmungen werden vor allem in Richtung der Augen und Ohren geschärft, alles ist pulsierend und Angriff bereit. Spannend sind auch die Erkenntnisse, die wir unter der Wärmebildkamera gewinnen: unsere ganze Energie fließt in die Hand und Beinregionen – es geht um Angriff oder Flucht. Regionen, in denen wir denken oder fühlen, sind fast gänzlich neutralisiert und ausgeschaltet. Das bedeutet, dass wir unter negativen Stress nicht kreativ oder wirklich produktiv denken und handeln. Unser Gehirn und Körper signalisieren im Inneren »Säbelzahntiger« – wenn wir uns wieder ins Außen beamen sitzen dort aber nur der/die Chef:in und Kolleg:innen im Büro an ihren PCs.

Stehen wir zunehmend häufig und vor allem langanhaltend, also chronisch, unter Stress, erfolgt eine Trennung zwischen unserem somatischen System, *das Bedürfnis getriebene Wollen*, und unserem jüngeren kognitiven System, *das rationale Denken*. Das Salzburger Achtsamkeitsmodell beschreibt unter anderem den sich selbst bestärkenden Abwärtsstrudel einer solchen

System-Trennung im Gehirn. Zu viel anhaltende Anspannung aktiviert, wie wir oben skizziert haben, unser Alarmzentrum – die Amygdala. Dies führt zur Dissoziation zwischen dem Zentrum für das Wollen und für das Denken, was unsere Fähigkeit sinken lässt, Probleme logisch zu lösen. Diese gefühlte Blockade, wenn uns einfach keine Ideen einfallen, verstärkt wiederum das Gefühl gestresst zu sein – ein Teufelskreis.

Diese Reaktionen unseres Gehirns und Körpers können wir aktiv kontrollieren und Achtsamkeitstraining ist hier die Lösung. Durch Übungen, wie beispielsweise das Fokussieren des Atems, aktivieren wir alle unsere Gehirnregionen wieder gleichermaßen. Diese funktionierende Gesamt-Sensorik ist entscheidend dafür, dass sich die somatischen und kognitiven Areale wieder verständigen können. Das heißt: Denken und Wollen kommen wieder in den Dialog und durchbrechen die Abwärtsspirale.

Diese Stressreduktion bedeutet also auch weniger Cortisol-Ausschüttung. Das heißt im Umkehrschluss, dass auch mehr Raum für glückliche Botenstoffe wie Dopamin, Endorphin oder Oxytozin vorhanden ist. Oxytozin ist eines der Hormone, für die in den letzten Jahren Erkenntnissprünge in der Forschung erzielt wurden. So weiß man heute, dass dieses Hormon mit Vertrauen assoziiert ist. Ein hoher Oxytozin Spiegel lässt uns anderen Menschen oder neuen Situationen mehr Vertrauen entgegenbringen. Hier schließt sich auch wieder der neurale Kreis zum Thema: Interaktion mit anderen Menschen, Verbindung mit ihren Ideen und die Offenheit mit Veränderungen im Außen umzugehen. Aber auch die Wirkung von Glückshormonen kann ausgenutzt werden und zu einem chronischen Überdruss führen. Wir sprechen von einem Suchtverhalten, denn der Mensch wird jede Gelegenheit suchen, dieses Hoch an positiven Botenstoffen aufrecht zu erhalten bzw. jedes Mal die Schwelle noch zu übertreffen. Dieses Durcheinander in unserem Hormonhaushalt kann auch Technologie erzeugen, denn durch bestimmte Design- und Feature-Prinzipien hacken Apps und soziale Medien unser Glückgefühl. Jedes Like, Herz, Kommentar oder jede Benachrichtigung drückt für uns Gesehen-Werden, Anerkennung und Zugehörigkeit aus – der Dopamin Spiegel steigt. Wenn dieser hohe Ausschlag sich nicht mehr neutralisieren kann, bleiben wir in einem ungesunden Dauer-Glücksrausch und verlieren die Selbstkontrolle über unsere digitalen Endgeräte.

Eine wirksame Mikro-Praktik ist hier, einmal den eigenen Start in den Morgen zu reflektieren. Startes du gleich mit Kindern, Zeitung lesen oder dem Twitter-News-Feed. Oder schenkst du dir die ersten 15 bis 30 Minuten am Tag nur für dich. Vielleicht für eine kurze Meditation, ein paar mobilisierende Übungen oder auch einfach nur das tiefe durchatmen vor dem geöffneten Fenster – morgens einmal den Geist, den Körper oder die Lunge durchlüften und aktivieren, bewirkt Wunder für den gesamten restlichen Tag. Entscheide und kontrolliere du, wann du die Welt in deinen Tag lässt und nutze den Morgen für dich.

Sprache öffnet und schließt (Büro-)Türen

Eine nützliche Landkarte zur zusammenfassenden Verbildlichung der Wirksamkeit von Achtsamkeit geben uns die Experten Esther und Johannes Narbeshuber mit auf die Reise. Ihr Salzburger Achtsamkeitsmodell (SAM), skizziert umfassend die vier Felder, die durch Achtsamkeit kultiviert werden. Empathie und Selbstkompetenz, Innovationsfähigkeit, Resilienz und Fokus – alles vier Fähigkeiten, die jede gegenwärtige Führungsperson auf ihrem Entwicklungsplan stehen haben sollte.

Vielleicht fragst du dich, wieso uns Begriffsklärung und Sprache so wichtig ist? Wieso wir ein ganzes Kapitel zur Schärfung investieren. Sprache öffnet oder schließt Türen, das haben wir in unseren Führungsrollen erlebt und erleben wir in unseren Beratungsprojekten. Beim Thema Achtsamkeit in Unternehmen stellen wir immer wieder fest, dass wir mit bestimmten Begriffen Türen öffnen oder eben vor verschlossenen Türen stehen bleiben. Sprechen wir von Meditation, von Atmung und Entspannung, dann hören uns die wenigsten Entscheidungsträger:innen in Organisationen zu. Nutzen wir Komparative wie mehr Fokus, Resilienz, Kreativität und Aufmerksamkeit, hört jede Führungsperson zu. Somit Augen und Ohren auf bei der Wortwahl, wenn es gilt, neue Themen in das Unternehmen zu bringen.

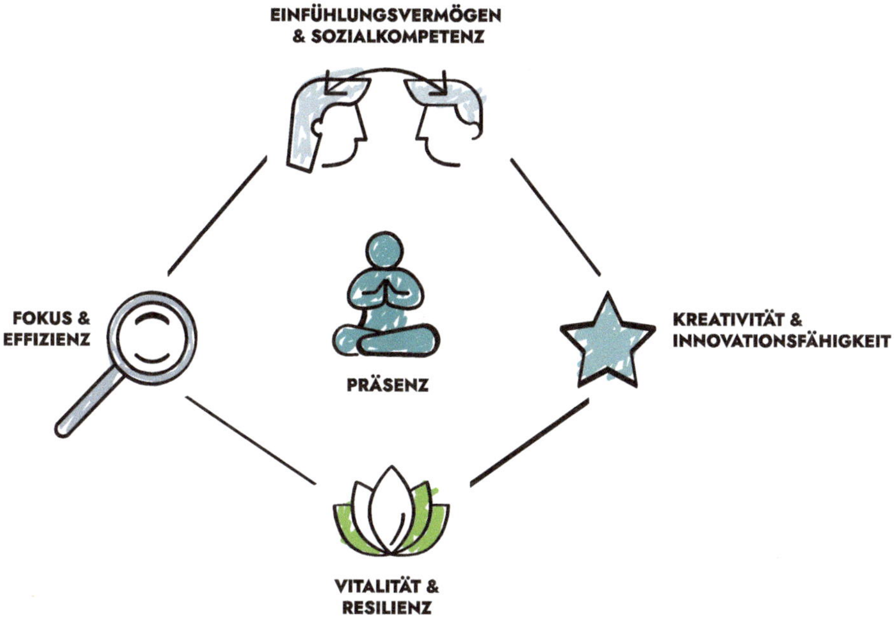

Die Vierschichtigkeit von Achtsamkeit nach dem Salzburger Achtsamkeitsmodell (SAM)

Ein abschließender Einschub: Achtsamkeitstraining wirkt bewiesenermaßen auch als eine Präventionsmethode oder unterstützt die Heilung von Burn-out, Depression und Trauma. Wir würden allerdings das Einflussspektrum auf unsere neuralen Strukturen und unsere Wirksamkeit in Beruf und Leben enorm dezimieren, wenn wir nur dieser Wirkungsweise in Organisationen Aufmerksamkeit schenken. Und viel lieber wollen wir uns doch im Folgenden die Arbeits- und Führungssysteme anschauen. Unser Ziel ist es, dort zu gestalten, wo wir die Organisation strukturell und somit kulturell transformieren können, sodass es gar nicht erst zu Burn-out und digitaler Erschöpfung kommen muss. Viel besser, es kommt zu mehr Wirksamkeit in wirklich digitaler Zusammenarbeit und Führung.

Was hast du aus diesem Kapitel mitgenommen

- Achtsamkeit ist eine Art Panorama-Bewusstsein. Mit klarer, wacher Aufmerksamkeit nehmen wir alles offen wahr und an, was im Hier und Jetzt stattfindet, ohne diese Wahrnehmungen zu bewerten. Mache einen Termin mit dir selbst. Das kann an einem speziellen Tag in der Woche sein oder jeden Tag fünf Minuten. Doch halte hier fest, wann du dir Zeit für die Schärfung deiner Achtsamkeit nehmen willst und halte den Termin ein:

- Achtsamkeit fördert die Selbst-Kontrolle der eigenen Gedanken und Ressourcen, öffnet die Tür zu Kreativität, stärkt Empathie und Mitgefühl in der interpersonellen Interaktion und unterstützt Resilienz und Veränderungsfähigkeit – welche Organisation benötigt dieses Set an Fähigkeiten nicht? Notiere hier, wo du bei dir das größte Potenzial erwartest, wenn du Achtsamkeit im Arbeitskontext ihren Raum gibst:

- Achtsamkeit ist trainierbar, am besten beginnen wir mit kleinen Mikro-Praktiken, die unsere mentalen sowie die organisationalen Strukturen nachhaltig verändern. Notiere hier, welche kleinen Mikro-Praktiken du in den kommenden Wochen für dich ausprobieren möchtest:

....

....

....

....

....

- Sprache öffnet die (Büro-)Tür im Diskurs rund um Achtsamkeit. Um anschlussfähig an deine Organisation zu sein, nutze passende Worte und Narrative – oft funktionieren Fokus, Aufmerksamkeit, Konzentration, bewusstes Entscheiden und Selbstkontrolle besser als Atmung, Meditation und Selbstliebe. Halte hier die Formulierungen fest, die für dich in deinem Arbeitskontext passend sind und verinnerliche sie:

....

....

....

....

....

- Achtsamkeit ist die Qualität für tiefgreifende, erfolgreiche Transformationen. Systeme, die das erlernt haben, sind so offen und durchlässig strukturiert, dass Variationen akzeptiert, angenommen und schnell stabilisiert werden können. Notiere hier, wo du bei deiner Organisation das größte Potenzial erwartest, wenn du Achtsamkeit im Arbeitskontext ihren Raum gibst:

  ....

  ....

  ....

  ....

  ....

Digital vernetzt zusammenarbeiten

Mitte des vergangenen Jahrzehnts waren Transformationsgestalter:innen in vielen Unternehmen euphorisch: Interne soziale Netzwerke – sogenannte Social Intranets oder Enterprise Social Networks – schossen wie Pilze aus dem Boden. Silos sollten eingerissen werden und bereichsübergreifende Zusammenarbeit endlich (!) effizient auch bis in die letzten Winkel eines Großkonzerns gut funktionieren. Genauso wie bereits Jahre zuvor im Internet bzw. über Social Media Plattformen realisiert, sollte alles Wissen nur noch einen Klick entfernt sein.

Heute, im Jahr 2021, sind die Ziele ähnlich ambitioniert und der Fortschritt in vielen Unternehmen ernüchternd: Die Technologie auf Basis von SharePoint, Jive, HCL Connections, Yammer, COYO und vielen anderen ist häufig ausgerollt. Doch die Wirkung liegt in vielen Unternehmen weit hinter den Erwartungen zurück.

Eine Erkenntnis setzt sich durch: Die digitale Technik allein ist nicht ausreichend für wirksame digitale Zusammenarbeit. Was fehlt sind häufig die Fähigkeiten zur *zielgerichteten Vernetzung* und Kenntnisse über die Wirkung von *sichtbarer Arbeit* verbunden mit *Rahmenbedingungen* in Organisationen, die digitale Kommunikation und Zusammenarbeit fördern (oder zumindest nicht behindern). Und schließlich die Gelegenheit zum »üben, üben, üben.«

Es gibt durchaus große Organisationen, die mit ihren internen Netzwerken erfolgreich sind: Bosch, Daimler, Continental und die Telekom investierten frühzeitig in Community Management, bildeten Multiplikatoren aus, gaben Orientierung im Digital-Collaboration-Dschungel, organisierten Reverse Mentoring und Working Out Loud. In diesen Unternehmen arbeiten und kommunizieren digital asynchron tausende Mitarbeitende über die ganze Welt verstreut. Mal mehr, mal weniger effektiv. Genau wie per E-Mail oder in Besprechungsräumen auch, allerdings mit mehr Möglichkeiten, effizient funktions- und Regionen übergreifend Expert:innen zu finden. Idealerweise mit der Offenheit für glückliche Zufallsfunde (vergleiche Serendipitätsprinzip).

Das Netzwerk als Mosaik und Zugang zu Möglichkeiten

Netzwerke, sowohl als soziale Systeme wie auch auf digitalen Plattformen, begeistern uns durch ihre Vielfalt und Vielschichtigkeit. Von nah betrachtet erlauben Netzwerke ein Eintauchen in Details und das Aufspüren von Expertise, relevanten Informationen oder Zerstreuung. Von weiter weg betrachtet können sich durch die verschiedenartigen Verbindungen Muster oder Gesamtbilder ergeben. In diesem Sinne ergeben sich für mich unterschiedliche Informationen und Ergebnisse, je nachdem welchem Aspekt eines sozialen Netzwerks und auf welche Ebene ich meine Aufmerksamkeit richte.

Aus Soziologie und Systemtheorie kennen wir die Beschreibung unserer Lebenswirklichkeit als Netzwerk, das aus Systemteilen, deren Beziehungen zueinander und schließlich als Gesamtsystem beschrieben werden kann. Ein soziales Netzwerk bildet das wechselseitige Interaktionsgeflecht zwischen Menschen ab. Diese Beschreibung ist unabhängig von der Digitalisierung wahr, allerdings erlauben digitale Netzwerke schnellere und übergreifende Interaktionen. Beziehungsaufbau ist nicht mehr auf den physischen Kontakt oder ein Telefonat beschränkt, Informationen sind sprichwörtlich nur einen Klick entfernt und die eigene Arbeit kann einem unbeschränkt großen Publikum kostenlos in Sekundenschnelle zur Verfügung gestellt werden.

Spannenderweise sind nicht nur die engen und regelmäßigen Interaktionen und intimen langfristigen Beziehungen entscheidend. Es sind insbesondere die vermeintlich *schwachen* Beziehungen, die für Informationsvorteile in Netzwerken verantwortlich sind. Bereits 1973 hat Mark Granovetter in seiner viel zitierten Publikation »The Strength of Weak Ties« genau diese Stärke von schwachen Beziehungen nachgewiesen. Im Kapitel ›Die achtsame Organisation‹ werden wir auf die Dimension der Informalität in Organisationen eingehen. Dies lohnt sich vor Augen zu holen, wenn wir über den Aufbau von Netzwerken im Arbeitskontext und darüber hinaus gemeinsam nachdenken wollen.

In Unternehmen ist das eigene Netzwerk häufig durch die formalen Strukturen, wie zum Beispiel Team, Abteilung, Gremien, Projekte, geprägt und entwickelt über Zeit zusätzlich informelle Verbindungen. Im Privaten ist es ähnlich, beginnend bei Verwandtschaftsnetzwerken. Globale soziale Netzwerke sind noch nicht ausreichend erforscht, allerdings lassen sich Dynamiken zum Beispiel in sozialen Medien gut nachvollziehen. Ebenfalls gilt dies für online Communities und Interaktionen auf einer abgegrenzten Plattform wie LinkedIn oder dem Social Intranet in Unternehmen. Ein soziales Netzwerk im digitalen Sinne kann als loser Zusammenschluss von Individuen auf einer technischen Plattform beschrieben werden, die Zugang zu Kontakten und Wissen ermöglicht, ohne das Zusammengehörigkeitsgefühl einer Community zu stiften.

Das eigene Profil und die Sichtbarkeit deiner Arbeit

Auf einer Werbereklame von SAP in Lateinamerika stand 2019: »Opportunity can't knock if it doesn't know where you live.« Aus unserer Sicht ist da viel Wahres dran und der Spruch, wer auch immer ihn zuerst geäußert hat, gilt umso mehr, seit es digitale soziale Netzwerke gibt.

Sichtbarkeit im Business Netzwerk

LinkedIn, als größtes Business Netzwerk, zählt mittlerweile weltweit über 720 Millionen Mitglieder und bietet im Sekundentakt neue Inhalte. Es basiert auf ebenso vielen Profilen, die mehr oder weniger ausgefüllt Aufschluss darüber geben können, warum ich mich mit wem vernetzen sollte. Oder nicht. Ausgehend von diesem persönlichen Profil kann jede:r Nutzer:in eigene Beiträge veröffentlichen, auf die Beiträge von anderen reagieren, sie kommentieren und teilen. All dies trägt zur Sichtbarkeit der eigenen Arbeit (im weitesten Sinne) und zur Sichtbarkeit der eigenen Person bei. Führung braucht »Follower«. Einem nichtssagenden Profil ohne Bild will niemand folgen.

Auf individueller Ebene bleiben viele Netzwerk-Akteure in sozialen Netzwerken hinter ihren Möglichkeiten zurück, da sie der eigenen Sichtbarkeit wenig Beachtung schenken oder sie dem Zufall überlassen. Auf Organisationsebene verschenken Unternehmen oftmals Potenziale, weil Wissensträger:innen im entscheidenden Moment nicht identifiziert werden können und relevante Informationen unerreichbar auf lokalen Computerfestplatten gespeichert sind oder in den Köpfen von Menschen, die nicht gefragt werden.

Insbesondere Wissensarbeiter:innen profitieren von der Sichtbarkeit in sozialen Netzwerken und können (bei kluger Interaktion) parallel Effizienzgewinne realisieren. Eine Investition in soziale Netzwerke zahlt sich vielfach aus, da die eigene Expertise ansprechbar ist und Fragen bzw. Unterstützungsbedarfe schneller (oder überhaupt) beantwortet werden.

Vor zehn Jahren saßen wir noch häufig in zweier oder vierer Büros in einer Team- oder Abteilungssituation über deren Grenzen Informationen, wenn überhaupt, nur schleppend geteilt werden. Wenn im Team oder der Abteilung jemand keine Antwort hatte, dann war das Thema erledigt. Außer man kannte zufällig noch jemand von früher der wiederum jemand kannte. Häufiger, gerade wenn man neu in eine Organisation eintrat, kannte man niemand und erfand das Rad entsprechend zum fünften Mal.

Heute, im Jahr 2021, lässt sich in beinahe jedem mittelgroßen Unternehmen über interne digitale Kanäle in kurzer Zeit eine Frage oder ein Thema unternehmensweit verbreiten. Je nach Reifegrad des internen sozialen Netzwerks und seiner Communities mehr oder weniger zielgerichtet. Und vorausgesetzt, man ist mit den Mechanismen vertraut (d. h. fähig die digitalen Tools zu bedienen) sowie erkennt überhaupt den Mehrwert einer vernetzten Zusammenarbeit an. Aus diesen drei Dimensionen hat sich die gemeinsame Betrachtung von Toolset, Skillset und Mindset als hilfreiche Grundlage für erfolgreiche digital vernetzte Zusammenarbeit herauskristallisiert. Wie oben bereits geschrieben reicht die Technik allein nicht aus. Es bedarf genauso des Aufbaus von Fähigkeiten sowie des Verständnisses bzw. der wohlwollenden Grundhaltung für ein wirksames Arbeiten im Netzwerk. Beides kann gefördert werden mit günstigen Rahmenbedingungen, letzteres kann, wie im vorangegangenen Kapitel beschrieben, nicht angewiesen werden.

Der Dreiklang aus Toolset – Mindset – Skillset

Die positiv erwähnten Beispiele für Unternehmen mit erfolgreichen internen sozialen Netzwerken haben allesamt sehr sichtbare Mitglieder, die vernetztes Zusammenarbeiten vorleben und meist über die Grenzen der eigenen Organisationen damit bekannt sind. Was sie verbindet ist eine authentische Personenmarke, die positiv auf sie selbst wie auf die Unternehmen, für die sie tätig sind, zurückstrahlt. Beispiele hierfür sind unter anderem Lena Rogl (Microsoft), Harald Schirmer (Continental), Katharina Krentz (Bosch), Winfried Ebner & Steffi Tönjes (Telekom), Anna-Lena Müller (Siemens), Ole Reuss (VW), Sebastian Kolberg (Bayer), Rainer Gimbel (Evonik), Oliver Herbert (Daimler) und Andrea Steverding (Oliver Wyman), um nur einige sogenannte »Corporate Influencer« aus dem deutschsprachigen Raum aufzuzählen. Deren Profile lassen sich auf LinkedIn und Twitter als Inspiration betrachten und für die Weiterentwicklung der eigenen Sichtbarkeit als Gedankenanstoß nutzen. Achtung: Copy-and-Paste ist in diesem Feld nicht hilfreich.

Für eine wirkungsvolle Sichtbarkeit ist die Kenntnis der eigenen Fähigkeiten, der eigenen Expertise und einer relevanten Zielgruppe entscheidend. Die Art und Weise der eigenen Darstellung ist genauso erlernbar wie die Schlüsselqualifikation Empathie. Auf sich selbst bezogen hat dies viel mit der Wertschätzung der eigenen Charakter-Eigenschaften, Kenntnisse und Stärken zu tun. Ich bin gut, so wie ich bin. Und ich entwickle mich stetig weiter.

Each of you is perfect the way you are… and there is room for improvement.

– Shunryū Suzuki

Mit diesem Zitat lässt sich sehr passend eine Mikro-Praktik einleiten. Lass dir Suzukis Aussage auf der Zunge zergehen. Wenn du magst, nimm dabei eine aufrechte Haltung ein, vielleicht magst du einmal deine Sitzposition ändern beim Lesen. Das Aufrichten aktiviert unseren Körper und erleichtert, dass wir den Atem besser fließen lassen können. Jetzt setz gedanklich noch einmal an: »perfect the way you are«. Nimm genau diesen Fakt an, und mach dir bewusst, dass du genauso wie du hier gerade sitzt und dieses Buch liest, perfekt und einzigartig bist. Du atmest, du lebst, dein ganzer Körper ist ein kleines Meisterwerk. Mit dieser Dankbarkeit formuliere drei Stärken im Kopf, die du an dir schätzt. Stelle dir bildlich die Situationen vor, in denen du in dieser Kraft bist: wie verhältst du dich, wie siehst du aus, was empfindest du und wie nehmen dich andere wahr?

Atme einmal tief ein und aus, und nun stelle dir einen Menschen vor, den du kennst, vielleicht weil ihr Bekannte seid, oder weil ihr zusammenarbeitet. Formuliere drei Stärken, die du an dieser Person beobachtest, und mache auch diese dir wieder so bildlich wie möglich.

Stelle dir nun vor, wie ihr diese Stärken verbindet, in der Zusammenarbeit, in einem Coaching oder in einer Ideenfindung. Begegne dieser Vielfalt an Stärken abschließen mit Dankbarkeit. Rufe dir ins Bewusstsein, welche Kraft und welcher Reichtum darin entsteht, wenn wir uns der eigenen Stärken bewusst sind, diese sichtbar machen und mit anderen Menschen vernetzen. Atme abschließend tief ein und aus.

Übst du diese leicht integrierbare Mikro-Praktik regelmäßig, kultivierst du eine differenzierte Wahrnehmung, Wertschätzung und Artikulierung deiner eigenen Stärken.

Zum Wert der eigenen Sichtbarkeit hat Tijen Onaran in 2020 ein lesenswertes Buch geschrieben. Wir haben die erfolgreiche Gründerin von Global Digital

Women, Speakerin, Autorin und Investorin nach ihrer Perspektive auf Achtsamkeit und Empathie in Verbindung mit Sichtbarkeit in Netzwerken befragt.

Tijen Onaran netzwerkt mit Empathie

Richtig Netzwerken ist entscheidend für Erfolg – digital wie analog. Die gute Botschaft ist, wir können diese Fähigkeit erlernen. Ich sage sogar, wir müssen sie erlernen. Denn nur durch das Verbinden mit anderen Expertisen, Perspektiven und Ideen kann etwas Neues und Erfolgreiches entstehen.

Drei Dinge nehme ich als absolut entscheidend für das richtige Netzwerken wahr:

Erstens gilt: Nur wer sichtbar ist, findet auch statt – das heißt, wir sollten uns eine Personenmarke aufbauen, die sehr klar ausdrückt, was sind meine Stärken, womit will ich als Expert:in wahrgenommen werden und was möchte ich an Botschaften senden.

Zweitens gilt: Nur wer wahrnimmt und erkennt welche Möglichkeiten das Netzwerk bietet, kann sich diese Chancen auch zu eigen machen. Dabei geht es nicht um die »Masse« an Follower:innen oder Likes, sondern darum, gezielt die Menschen in Interaktion zu erreichen, die deine eigene Wirksamkeit steigern. Gerade in sozialen Netzwerken ist es besonders wichtig, dass ich das für mich relevante Publikum kenne.

Drittens gilt: Nur wer Empathie kultiviert, wird neue Netzwerkbeziehungen aufbauen und bestehende stabilisieren können. Emphatische Menschen sehen und verstehen ihr Gegenüber mit seiner Geschichte, Sozialisation und allen Emotionen. Sie können sich sehr gut in andere reinversetzen, ohne sich dabei mit der Gefühlslage anderer zu verwechseln. Empathie hilft dir also beim Netzwerken, die richtige Tonalität zu treffen und deine Botschaften so passgenau zu senden, dass der Empfänger sie erfassen und verarbeiten kann.

Dieser Dreisatz des Netzwerkens lässt sich erlernen: Achtsamkeit ist dabei entscheidend. Sie bietet uns die entscheidende Klarheit und Verbindung zu uns und unserer Personenmarke, sie lässt uns mit Offenheit die Möglichkeiten im Netz wahrnehmen und fokussiert angehen und sie kultiviert die Empathie-Zentren in unserem Gehirn.

Fazit: Dreimal ein guter Grund, sich mit Achtsamkeit im Kontext »Sichtbarkeit und Netzwerk« zu beschäftigen.

Das Internet bietet die Möglichkeit, selbst zu wählen welche Geschichte du über dich erzählst. Was du von dir preisgibst und was online zu finden ist, sollte nicht dem Zufall überlassen sein. So wie bei einer Führungskraft in einem unserer Beratungsprojekte, zu deren Namen wir nur Sterbeanzeigen finden konnten. Auch kein »passendes« Suchergebnis hinterlässt einen Eindruck. In diesem Fall keinen positive.

Suche dich selbst online. Wenn du deinen Namen in eine Suchmaschine wie Ecosia, Google oder Bing eingibst, was findest du?

Womit würdest du gerne gefunden werden? Formuliere drei klare Eigenschaften oder Kompetenzen, mit denen du sichtbar(er) werden möchtest und wofür.

Was bist du konkret bereit online zu verändern, damit man dich »besser« findet.

....

....

....

....

....

....

Zielgerichtet Netzwerke aufbauen

In der Vergangenheit wurden häufig simple Kennzahlen für den Erfolg von Netzwerken herangezogen: Anzahl Mitglieder, Zahl der Logins, Verweildauer oder die Anzahl von Beiträgen. Dies greift zu kurz. Wenn man sich nur gut unterhält, zahlt das auch im Netzwerk nicht auf individuelle Zielsetzungen oder denen des Unternehmens ein.

Die Qualität eines Netzwerks sollte eher daran gemessen werden, inwiefern es mich bei einer konkreten Zielerreichung unterstützt. Organisationen tun gut daran ihre internen Netzwerke so zu gestalten, dass Communities im Self-Service entstehen können und die Mitarbeitenden selbst entscheiden und organisieren, wie und wo sie ihre relevanten Informationen austauschen. Das führt dazu, dass anfangs vielleicht vier Communities zu künstlicher Intelligenz und drei zu Blockchain entstehen. Über Zeit kristallisiert sich meist heraus welche Community für welche Fragestellungen am geeignetsten ist und welche mit einer anderen fusioniert oder über die Zeit versandet.

Jede Kommunikation enthält nach Niklas Luhmann einen »Verweisungsüberschuss von Sinn«. Das heißt neben ihrem jeweiligen Sinn im spezifischen Kontext gibt es weitere Sinn-Möglichkeiten im selben oder anderen Kontext. Damit kann der Wert einer Information über den jeweiligen Kontext hinaussteigen, wenn sie auch über Zeit noch auffindbar und zuordenbar ist. Selbst auf 280 Zeichen begrenzt können wir dies bei Twitter sehen, wo selbst nach vielen Jahren Tweets in neuem Kontext oder im Lichte einer aktuellen Entwicklung wieder relevant werden und insbesondere die Dialoge noch einmal betrachtet werden können.

Bei aller Zielrichtung und fokussierter Aufmerksamkeit dürfen wir die Offenheit für glückliche Zufallsfunde nicht verlieren. Das Serendipitätsprinzip (von engl. serendipity = glücklicher Zufall) bezeichnet die Entdeckung einer hilfreichen Information, die ursprünglich nicht gesucht war. Nicht der Zufall allein ist hierbei der Schlüsselfaktor, sondern die Kombination aus absichtsvoller Suche und Offenheit für unerwartete Lösungsräume.

Algorithmen in sozialen Netzwerken können das Serendipitätsprinzip auf Social Media verstärken. Ich suche nach einer SCRUM-Master Zertifizierung, dann werden mir passende Videos zum agilen Projektmanagement angezeigt. Ich veröffentliche ein Foto einer Wanderung im Alpstein-Gebirge und ein mir unbekannter Bergführer kommentiert eine alternative Route zum Säntis.

Wir selbst können durch Achtsamkeitstraining besser zwischen der offenen und fokussierten Aufmerksamkeit wechseln und bewusst entscheiden, worauf wir unsere Aufmerksamkeit lenken. Wir wissen, was wir (finden) wollen, können eine Vielzahl an Informationen und Möglichkeiten offen wahrnehmen und dann fokussiert für uns relevante Wege im Netzwerk weiterverfolgen.

Achtsames digitales Netzwerken kann gelernt werden

Mit den beiden Zutaten Sichtbarkeit und Zielrichtung lässt sich das eigene Arbeiten und Wirken in digitalen Netzwerken überprüfen und fortlaufend verbessern. Hätte ich die Vernetzungsanfrage auf Xing empathischer gestalten können? Warum hat der Hinweis auf meinen wissenschaftlichen Beitrag diese Woche so viel mehr hilfreiche Reaktionen erzeugt im Vergleich zur Woche davor? Welche Informationen sind in meinem Social Intranet Profil relevant für meine Kolleg:innen?

Eine gut strukturierte Methode zum zielgerichteten Netzwerkaufbau auf Basis guter Beziehungen und sichtbarer Arbeit ist Working Out Loud. Als soziales Lernprogramm angelegt, lernst du gemeinsam mit 3–4 Mitstreiter:innen über 12 Wochen ein individuelles Ziel zu erreichen und kannst auf detaillierte Anleitungen zurückgreifen, wie das gemeinsame in der Regel virtuelle einstündige Treffen jede Woche gestaltet werden kann. John Stepper, Autor und Erfinder der Methode, beschreibt auf seiner Website https://workingoutloud.com [01.08.2021] im Detail die Wirkungsmechnismen von Working Out Loud und bietet in seiner Community die hilfreichen Materialien zum selbst ausprobieren an.

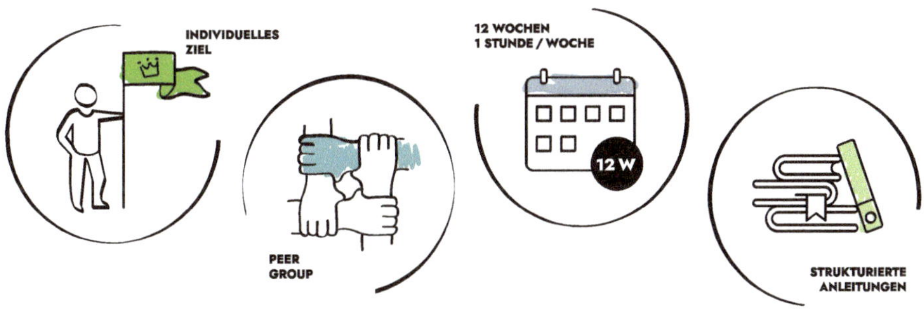

Eigenschaftenfelder der Working Out Loud-Lernmethode auf einem Blick

Insbesondere in Großkonzernen im deutschsprachigen Raum wird die Methode vielfach verwendet. Bosch hat bereits WOL Circle Nummer 1.000 auf die Reise geschickt, bei Daimler tauschen sich über 2.000 Mitarbeiter:innen in der internen WOL-Community im Social Intranet aus und auch die Deutsche Bahn, Merck, Bayer oder die Telekom nutzen Working Out Loud zur Vernetzung. Mit der im Unternehmen verankerten Möglichkeit, digitale Zusammenarbeit zu verbessern, steigen auch die Beiträge und hilfreichen Kommentare in den internen Netzwerken der Firmen. Implizites Wissen wird explizit und damit für Kolleg:innen und schließlich die Organisation selbst nutzbar.

Ebenfalls wird der Austausch über das engere Netzwerk am eigenen Arbeitsplatz hinaus erweitert, was insbesondere in Zeiten von remote Work und virtuellen Meetings noch wertvoller wird. Die vorher von Granovetter beschrieben »Weak Ties« werden gestärkt.

Schreibe 20 Fakten über dich auf und teile sie mit eine:r Kolleg:in, die dich vor allem im beruflichen Kontext kennt. Vielleicht mag sie/er ebenfalls 20 Fakten über sich teilen. Darüber lernst du, was du alles im Angebot hast und welche Verbindungen/Anknüpfungspunkte sich ziehen lassen.

Eine ähnliche Übung begegnet dir mit 50 Fakten in Woche 5 eines Working Out Loud Circles

Warum digitale Netzwerke von Achtsamkeit profitieren

Digitale Netzwerke bieten Zugang zu vielen Möglichkeiten, die Chance zur effizienten Zusammenarbeit und das Risiko, sich in ihnen zu verlieren. Daher lohnt sich die regelmäßige Reflexion zu der Frage: Auf welchen Kanälen bin ich wie und wozu vertreten?

Erst die Qualität der Achtsamkeit ermöglicht ein absichtsvolles Netzwerken, das die unbegrenzten Möglichkeiten wahrnimmt, ohne Wertung anerkennt und gleichzeitig bewusst mit der eigenen Aufmerksamkeit umgeht. Digitale Achtsamkeit bedeutet, wach und selbstgesteuert in sozialen Netzwerken unterwegs zu sein, mit konkreten Zielen und der Offenheit für glückliche Zufallsfunde. Mit wenigen Notifications und mit achtsamen Routinen.

Benachrichtigungen, oder auch Notifications, sind die Ursache dafür, dass wir wie im Check-in Beschrieben fast 100x am Tag auf unser Smartphone schauen und auch am Laptop immer wieder in unserer Fokus-Arbeit unterbrochen werden. Hier eine neue E-Mail, dort eine Erwähnung auf Slack, ein Kommentar auf LinkedIn und die WhatsApp-Nachricht in der Familiengruppe. Es gibt ein gut gehütetes Geheimnis: Man kann Notifications ausschalten und es passiert nichts. Fast nichts, man kann konzentrierter arbeiten und verbringt mehr Zeit selbstgesteuert im Hier und Netz. Die Sorge, etwas Entscheidendes verpassen zu können, schwindet bereits nach wenigen Tagen. Selbstgesteuerte Erinnerungen, Kalendereinträge und der schnelle Kanal mit den Team-Kollegen und dem oder der Partner:in dürfen vielleicht stumm auf den Sperrbildschirm erscheinen.

Focus more on less.

– Unbekannt

Schalte die Benachrichtigungen (Notifications) auf deinem Smartphone aus. Alle. Das funktioniert in den Einstellungen bei Android unter Apps & Benachrichtigungen und bei iOS unter Mitteilungen. Du kannst dir sicher sein, dass du jeden Tag automatisch ausreichend häufig genug deine E-Mails, Messaging-Nachrichten und Social Media Apps auf dem Smartphone öffnest.

Ausnahmen können Kalenderbenachrichtigungen für den jeweils nächsten Termin, Erinnerungen und natürlich Anrufe sein. Vielleicht auch ein »schneller Messaging-Kanal« der sich im Team oder privat als »Notfallkommunikation« etabliert hat.

Beobachte wie sich dein Smartphone-Verhalten im Verlauf einer Woche ändert, wenn du selbstbestimmt die Zeitpunkte wählst, wann du dein Display entsperrst (und nicht weil etwas blinkt, piept oder vibriert). Schreibe auf, welche dringenden Ereignisse in welchen Apps du deshalb versäumst bzw. aus deiner Sicht zu spät wahrnimmst:

....

....

....

....

....

....

....

....

....

Reflektiere nach einer Woche dein Verhalten und justiere falls nötig in den Einstellungen nach. Weitere Smartphone-Experimente in Form einer 30-Tage-Challenge hat Christoph Koch in seinem Buch »Digitale Balance« (2021) zusammengestellt.

Dabei schließen sich abgeschaltete Notifications und ein großer Erfolg in sozialen Netzwerken nicht aus. John Stepper gibt uns einen Einblick, wie er die unendlichen Möglichkeiten der sozialen Netzwerke wirkungsvoll einsetzt.

John Stepper im Social Media Gleichgewicht

Allein auf LinkedIn habe ich 13.000 Verbindungen und interagiere jeden Tag mit Hunderten Menschen. Dann gibt es noch E-Mails, Twitter, Instagram, Facebook, YouTube, Blog-Kommentare und die neue Working Out Loud Community-Plattform. Es gibt Phasen, in denen wird mir schwindelig vor Nachrichten, Anfragen, Kommentaren und Likes.

Ist das alles Zeitverschwendung, eine Ablenkung von sinnvoller Arbeit, bei der man wirklich etwas konzipiert und umsetzt? Oder sind diese Tools Quellen für Verbindungen, Lernen und Geschäftsentwicklung? Die Antwort lautet: »Es kommt darauf an.« Auf was kommt es aber an? Viele Menschen kämpfen damit, »Always-on« zu sein. An Ratschlägen und Anleitungen zum »digital glücklich« oder zum »offline sein« mangelt es nicht. In »Digital Minimalism« hat Bestsellerautor Cal Newport 2019 seine persönliche Lösung skizziert: »Nutzen Sie diese Tools nicht und drücken Sie auf keinen Fall einen Like-Button.«

Ist das der einzige Umgang, den wir wählen können? Ein Alles oder Nichts-Extrem? Wie wäre ein Mittelweg? Ich selbst muss mir eingestehen, dass ich ein gewisses Maß an Stolz verspüre, wenn Menschen auf mich reagieren oder aber wenn ich Menschen über Social Media antworte. Wenn mir jemand Aufmerksamkeit schenkt, dann ist meine Antwort ebenso ein Zeichen der Dankbarkeit und des Respekts. Entscheidend dabei ist, dir deine individuelle Bedürfnislage bewusst zu machen. Was gefällt oder missfällt dir, was motiviert dich Social Media zu nutzen und mit all diesen Menschen in Kontakt zu gehen? Das eigene Bewusstsein darüber ist der erste Schritt hin zu einem selbstbestimmten, selbstkontrolliertem »Mittelweg«.

Dennoch bin ich von einer ausbalancierten Mitte oft weit weg und könnte meinen ganzen Tag mit »Antworten« verbringen und mich in die Social Media Welt hineinziehen lassen. Andere wichtige Aufgaben treten dabei schnell in den weit entfernten Hintergrund.

Um das richtige Gleichgewicht zu finden, tue ich zwei weitere Dinge. Erstens, ich kläre jeden Tag meine Absichten. Was ist wichtig? Worauf muss ich mich heute konzentrieren? Die Antworten auf diese Fragen dienen als Leitplanken für meine Aktivitäten. Wenn ich zu viel Zeit damit verbringe, »beschäftigt« zu sein aber meine Absichten nicht wirklich erfüllt bekomme, muss ich mich neu fokussieren. Dann realisiere ich relativ schnell, dass ein Ungleichgewicht besteht. Zweitens stelle ich einige einfache Regeln oder Grenzen auf, die es mir erleichtern, meine Aufmerksamkeit zu steuern. Zum Beispiel: »Keine Telefone im Schlafzimmer oder während der Mahlzeiten« oder »Keine E-Mails vor dem Frühstück«. Oder ich setze mir Grenzen, wie viel Zeit ich damit verbringen möchte, online zu antworten, bevor ich die Arbeit an meinen priorisierten Aufgaben wieder aufnehme.

Hört sich das für dich gerade wie eine riesige Herausforderung an? Hast du auch manchmal das Gefühl, dass du die Grenzen, die du dir versucht hast zu setzen, eh nicht einhältst? Ich kann definitiv sagen, es ist ein langer Weg, der auch bei jedem und jeder anders aussehen kann. »Alle Ratschläge«, so schreibt Austin Kleon bereits 2012 auf Instagram, »sind autobiografisch.« Was für mich funktioniert, funktioniert vielleicht nicht für dich. Was heute für mich funktioniert, funktioniert vielleicht morgen schon nicht mehr für mich. Dinge ändern sich. Menschen verändern sich. So ist der achtsame Umgang mit Social Media und Netzwerken eine Fähigkeit, die immer weiterentwickelt und angepasst werden muss. Hilfreicher als sich viele Regeln zu setzen, Anleitungen oder Bücher zu lesen, ist es, sich immer wieder eine klare Antwort auf die Frage zu geben: Was ist mein Ziel und meine Absicht diese Social-Media-Kanäle zu nutzen? Wenn du bewusste Entscheidungen triffst, was du tust und warum du etwas tust, dann dient die Technologie dir und nicht umgekehrt. Genau um diese Selbstbestimmtheit und Selbstkontrolle, die den Mittelweg beschreibt, geht es, nicht um ein Alles oder Nichts.

Überprüfe deine Social-Media-Kanäle innerhalb und außerhalb deiner Organisation. Wo bist du unterwegs und warum? Welche Ziele verfolgst du auf LinkedIn, welche in unternehmensinternen Netzwerken, auf Twitter, Instagram oder Clubhouse, falls du dort bist. Auf welchen Kanälen bist du bewusst nicht? Es lohnt sich in regelmäßigen Abständen auszumisten: Braucht es den Facebook-Account von vor 10 Jahren noch? Wann und wozu warst du zuletzt auf Xing? Wenn du irgendwo bist, ist auf einen Blick erkennbar, woran du gerade arbeitest und zu welchen Themen du Wissen teilen kannst? Hast du ein Profilbild oder bleibst du bewusst ein »grauer Geist«?

Schreibe auf, was du konkret verändern wirst:

Setze deine Vorhaben direkt um oder reserviere Zeit in deinem Kalender, um es zu tun.

Falls es dir grundsätzlich schwerfällt, regelmäßig für dich relevante Interaktionen in sozialen Netzwerken wahrzunehmen, erstelle einen Regeltermin. Einmal pro Woche 30 Minuten für einen achtsamen Streifzug durch die von dir gewählten Plattformen ist ein guter Anfang auf dem Weg hin zu einer wirksamen Routine. Wähle jeweils ein Thema, das dich gerade besonders interessiert, und folge entsprechenden Profilen und Hashtags. Like und/oder kommentiere für dich relevante Beiträge. Dein Newsfeed bzw. der Algorithmus dahinter wird mit jeder zielgerichteten Aktion von dir im Hier und Netz noch besser auf dich zugeschnitten.

Diese beschriebene ständige Neujustierung bei sich ändernden oder neuen Technologien können wir in schöner Regelmäßigkeit wahrnehmen. Besonders eindrucksvoll ist dies, wenn eine neue Social-Media-Plattform entsteht und um die Aufmerksamkeit der Nutzer:innen wirbt.

Ein spannendes Phänomen konnte Anfang 2021 mit dem in Deutschland aufkommenden Clubhouse Hype beobachtet werden, der nach wenigen Wochen wieder abflachte: Zu Beginn waren interessierte Nutzer:innen täglich für lange Zeiträume in der Audio-Only-App online und wechselten durch die schier unbegrenzte Anzahl an Räumen der App. Nach wenigen Wochen hatten sich relevante Formate herausgebildet, die individuelle Nutzungsdauer ging zurück. Mehrheitlich werden nach der Hype-Phase nur noch ausgewählte Clubhouse-Events besucht und im Anschluss die App wieder verlassen. Ein absichtsloses flanieren durch eine aus Live-Sessions bestehenden App stellte sich für die Mehrheit der Nutzer:innen als nicht sinnvoll weil zu zeitintensiv heraus. Ebenfalls gaben Nutzer:innen, die mit einem klaren Ziel auf der Plattform unterwegs sind, signifikant häufiger an, dass Clubhouse ihren Alltag bereichert, im Vergleich zu Menschen die ohne Ziel bzw. nur zum »ausprobieren« auf Clubhouse sind.

Ob privat oder beruflich, Wirksamkeit, Zufriedenheit und Mehrwerte stellen sich beim Vernetzen dann ein, wenn das Auftreten und die Interaktion in digitalen Netzwerken absichtsvoll gestaltet wird. Sind Ziele klar und wird die Entscheidung für ein Netzwerk sowie die eigene Sichtbarkeit bewusst getroffen, sind (digitale) Netzwerke als Lösungsräume linearen Kommunikationssystemen überlegen. Dies trifft insbesondere auf komplexe oder chaotische Systeme zu, wie sie Mary E. Boone und David J. Snowden in ihrem Cynefin Framework beschreiben. Emergente und innovative Praktiken sind in von Vielfalt geprägten Netzwerken wahrscheinlicher als in abgegrenzten homogenen Unternehmensbereichen. Ebenfalls lässt sich »ausprobieren, erkennen und reagieren« (probe – sense – respond) besonders gut in der Dynamik von Netzwerken mit schnellen Antwortzeiten umsetzen. Innovation als Abfolge von Variation, Selektion und Stabilisierung lässt sich in Netzwerken gut beginnen.

Für Organisationen ist es wichtig, Rahmenbedingungen zu schaffen, die vernetztes Arbeiten fördern oder zumindest nicht verhindern. Hilfreich kann es sein, die folgenden Fragen zu stellen und bei negativen Antworten Rahmenbedingungen zu verändern:

- Werden Kommunikationswege bewusst ins interne Netzwerk (Social Intranet) verlagert oder passiert alles weiterhin per E-Mail?
- Stellt das Unternehmen brauchbare IT-Infrastruktur zur Verfügung und baut konsequent alte Systeme ab?
- Können Mitarbeiter:innen selbstgesteuerte soziale Lernformate in ihrer Arbeitszeit nutzen?
- Leben Führungspersönlichkeiten digitale Zusammenarbeit vor?
- Wird Arbeit im Entstehungsprozess geteilt, kann ergänzt und weiterentwickelt werden?

Wird diese Reflexion und Weiterentwicklung in Unternehmen Richtung stärkerer Vernetzung intern und extern permanent vorangetrieben, sind wichtige Grundsteine gelegt. Der Nutzen für Unternehmen und Mitarbeitende wird dann erhöht, wenn Achtsamkeit mit digital vernetzter Zusammenarbeit verbunden wird. Zur vielfach beschworenen digitalen Transformation braucht es achtsame Vernetzung.

Was hast du aus diesem Kapitel mitgenommen

- Wir haben zwei wichtige Qualitäten für vernetztes Arbeiten kennenglernt: eigene Sichtbarkeit im Profil bzw. sichtbare Arbeit und eine Zielrichtung beim Netzwerken, also ein Netzwerk um ein selbstgewähltes Thema und Ziel herum aufzubauen. Womit willst du sichtbar(er) werden und welches Ziel willst du erreichen?

- Achtsamkeit im Netzwerk als Panorama-Bewusstsein, um die Fülle und Vielfalt an Möglichkeiten bewusst wahrzunehmen, ohne sich zu verlieren oder überrollt zu werden. Offenheit für glückliche Zufallsfunde (Serendipitätsprinzip). Beschreibe zwei überraschende und hilfreiche Erkenntnisse, nach denen du ursprünglich nicht gesucht hast. Wie kannst du häufiger davon profitieren?

....

....

....

- Trainierbare Empathie für das Erkennen der passenden Tonalität und das Aufbauen nachhaltiger Beziehungen in Netzwerken. Diese sind die Basis für organisationale Resilienz. Welche Zielgruppen möchtest du erreichen? Was weißt du über sie und wie gestaltest du Beziehungen zu ihnen?

....

....

....

- Organisationen gewinnen durch achtsame Vernetzung an effektiven Lösungsräumen in dynamischen komplexen oder gar chaotischen Systemen und unterstützen damit Innovation und Transformation. Wo hat deine Organisation ganz konkret noch Potentiale in achtsamer Vernetzung?

....

....

....

Digitale Achtsamkeit im Team kultivieren

Ein Team – der Zusammenschluss von mindestens zwei und oft mehr Menschen zu einem gemeinsamen Ziel – ist aus einer digitalen Wissensgesellschaft zur Norm des Arbeitens geworden. Wir müssen uns mit der Expertise und den Fähigkeiten von anderen verbinden, um selbst die Ergebnisse zu erreichen, die von uns gefordert werden.

In Organisationen ist das Team – nach dir selbst – die kleinste Einheit, in der du direkt führen und verändern kannst. Haben wir auch viele Faktoren im Unternehmen nicht selbst in der Hand, können wir jedoch ausnahmslos immer überlegen, welche Handlungsspielräume wir auf der Sub-Ebene des Teams haben. Es bietet uns ein relativ sicheres Feld, um mit Neuem zu experimentieren und gewohnte Verhaltensweisen zu variieren. Zum Beispiel in Richtung mehr digitale Achtsamkeit.

Was zeichnet ein achtsames Team aus? Die Mitglieder pflegen eine Arbeits- und Dialogkultur, die von Offenheit, gegenseitiger Wertschätzung und Respekt im Umgang mit Eigenarten, Ressourcen und der Zeit der anderen geprägt ist. Man hat Lust sich auf die Ideen und Vorschläge der anderen einzulassen und ist interessiert und neugierig. Das Resultat sind unter anderem Kreativität in der Problemlösung, demokratische Prozesse sowie das Bewusstsein und die Klarheit über die Rollen und Stärken der anderen Teammitglieder. Es herrscht ein grundsätzliches Basis-Vertrauen oder auch Urvertrauen genannt, das nicht zu verwechseln ist mit dem interpersonellen Vertrauen, das wir in einen guten Freund oder eine gute Freundin haben. Wenn Achtsamkeit innerhalb eines Teams kultiviert ist, besteht die Fähigkeit, Dynamiken und Veränderungen gelassen anzunehmen – statt impulsiv zu reagieren oder in überstürzte Angst und Unsicherheit zu verfallen.

Studien, die im Softwareunternehmen Google gemacht wurden, ergaben, dass Achtsamkeit in Teams ein entscheidender Katalysator für »High-Performance-Teams« ist. Die Fähigkeit beeinflusst direkt das Phänomen der psychologischen Sicherheit, aus der heraus sich Hochleistung potenzieren kann.

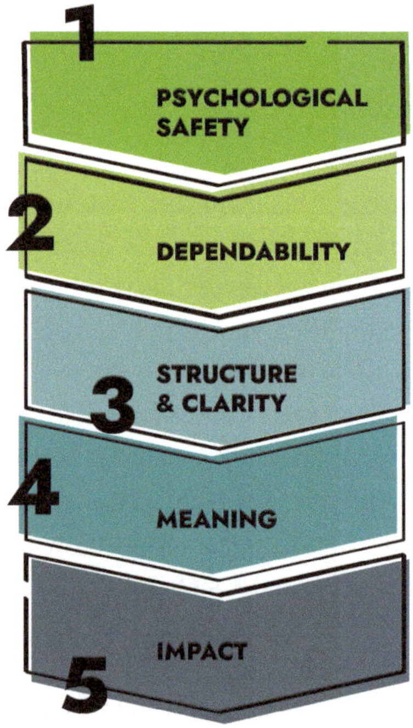

Die fünf Stufen zu mehr Teameffektivität nach der Google Studie »Aristoteles Project«

Um Vertrauen und psychologische Sicherheit aufzubauen sowie zu erhalten, sind Empathie und Mitgefühl entscheidende Einflussgrößen. Hier schließt sich wieder der Achtsamkeits-Kreis, denn wie wir spätestens aus Kapitel »Achtsamkeit im Arbeitskontext« wissen, trainieren wir mit Achtsamkeitspraktiken genau diese Gehirnareale, die mit den Zentren der Empathie assoziiert sind. Sind die Mitglieder und vor allem die Führungsperson empathisch, empfinden und erspüren sie situativ, was das Team gerade in diesem Moment braucht. Dies ist klar zu unterscheiden, von Cliquen, in denen alle leiden, wenn einer leidet. Empathische Teams haben feine Sensorik untereinander, nehmen sich der Emotionalität der anderen aber nicht insofern an, dass sie sich damit verwechseln. Oft kennen wir diese Einzelpersonen oder Gruppen, in denen wir uns einfach wohlfühlen, uns schnell öffnen und auf die anderen einlassen. So genau können wir gar nicht sagen, was hier der Zauber ist. Wissenschaftlich gesehen hat es mit großer Wahrscheinlichkeit etwas mit der Achtsamkeit im Team zu tun. Diese wird ganz besonders unter Beweis gestellt, wenn wir uns in rein virtuellen oder hybriden Arbeitswelten wiederfinden. Mit großer Aufmerksamkeit haben wir beobachtet, wie sich Teams – unsere eigenen sowie die von Bekannten und Kunden – auf die Veränderungen hinzu 100 % digitaler Arbeit von zu Hause eingelassen und die Verschiebung in ihren gewohnten Arbeitsstrukturen in eine neue Verhaltens-Norm adaptiert haben. Studien ergaben hier, dass diese Adaption vor allem für alleinlebende Personen, für die Generation Z und für Mitarbeitende noch mehr als für führende Personen nicht schmerzfrei oder einfach ist. Achtsame Teams spiegeln diese Dynamiken, verstehen sie und gehen mit ihnen differenziert um. So wurden von virtuellen Kaffee-Ecken, Familien-Lesezirkeln, gemeinsamen Meditationsrunden, Kochevents und Kreativsessions auf Whiteboard Applikationen die unterschiedlichsten Möglichkeiten gesehen, genutzt und Lösungen gestaltet.

Bevor wir hier genauer hinschauen, wie Teams diese digitale Achtsamkeit leben und immer wieder in der Gruppe trainieren, empfehlen wir einen Stopp-Moment mit einer neuen Mikro-Praktik.

Wir laden dich ein, die Verbindung mit anderen Menschen in einem Gedankenexperiment zu erleben und zu kultivieren. Es wird um Personen gehen, denen gegenüber du deine aufrichtige Wertschätzung ausdrücken willst – Menschen, die dein Leben positiv beeinflusst haben.

Atme tief ein und aus. Richte deine Aufmerksamkeit nach innen und schenke dir Dankbarkeit, dass du dir diesen Moment des achtsam sein gönnst.

Stelle dir jemanden vor, den du magst, einen Freund, jemanden aus der Familie, eine Mentorin oder jemanden, der dir im Job geholfen hat. Stelle dir vor, dass diese Person dir gegenübersitzt. Wünsch dieser Person etwas wie Gesundheit, Glück, ein gutes Gespräch und schenke ihr Dankbarkeit. Stell dir vor, wie die Person deine Wünsche entgegennimmt.

Stelle dir jemanden vor mit dem du Spannungen oder Konflikte hast. Äußere in Gedanken deine Wünsche an diese Person.

Versuche nun diese Wünsche und diese Dankbarkeit auf alle Menschen in deinem Umfeld auszuweiten. Denke an Freund:innen, Familie, Kolleg:innen, Bekannte, LinkedIn Beziehungen, alle die vielleicht gerade dieses Buch lesen. Beende die Übung mit einer langen Ein- und Ausatmung.

Nähe auf Distanz

Physische Distanz muss nicht gleich soziale Distanz bedeuten. Was aber hat das nun mit digitaler Achtsamkeit und diesen berühmt berüchtigten virtuellen Kaffee-Ecken und Wine-Tastings zu tun?

Eine der entscheidenden Führungsqualitäten in digitalen Umfeldern ist das Organisieren und Führen über Distanz. Viele Firmen, wie Twitter, verkündeten, dass in Zukunft für jede:n Mitarbeiter:in 100% arbeiten von zu Hause ermöglicht wird. Andere sprechen von Hybrid-Modellen und mieten erste Büroflächen ab. Wir werden somit ohne Wenn und Aber mit diesen hybriden Team-Situationen umgehen lernen müssen. Die zentrale Führungsaufgabe ist hier, das Beziehungsnetz digital zu pflegen, zu stabilisieren und neue Verbindungen zu knüpfen. Es gilt Nähe, Vertrauen und Authentizität auszudrücken, ohne dass wir uns physisch beobachten und erleben können. Das ist zeit- und kommunikationsintensiv und kann nur in den seltensten Fällen delegiert werden. Doch Achtsamkeit im Umgang mit diesen digitalen Arbeitsbeziehungen befähigt uns, die Brücken zu bauen und die Team-Mitglieder zusammenzuhalten – sie ist der soziale Klebestift.

In der virtuellen Kommunikation mit dem Team geht es vor allem um drei Ebenen: die Verbindungsebene zu dir selbst, die Teambeziehungsebene und die Informationsebene.

Der Ich-Respekt – spotlight on me

Erstens muss ich mir meiner Wirkung über den Chat, die E-Mail oder die 2-D-Videoansicht bewusst sein. Alles was ich tue, wie meine Umgebung aussieht, wie ich mich kleide, jeder Emoji den ich sende, wie ich meine Mimik und Gestik bis zur Körpermitte einsetze, alles das erzeugt Bilder und Interpretationsraum beim Gegenüber. Dazu gehört aber auch die sensibilisierte Verbindung zu mir selbst. Klingt spirituell? Meint aber schlicht und ergreifend, wie differenziert und respektvoll nimmst du dich und die Bedürfnisse deines Körpers wahr. Saßt du heute vielleicht vier Stunden am Stück in Videokonferenzen, hast weder gesund gegessen noch getrunken, hast keine frische Luft reingelassen, hast dich nicht bewegt? Wir alle kennen diese Tage, an denen ein Meeting an das nächste grenzt. Sie sollten aber die Ausnahme bleiben, es wird an deiner physischen wie psychischen Gesundheit nagen und die Leistungsfähigkeit stark beeinträchtigen. Die wissenschaftlichen Erkenntnisse zeigen, mit Bewegung, guter Ernährung und Schlaf funktionieren unser Gehirn und der Körper am besten – nicht umsonst lesen wir oft: das Sitzen (in Videokonferenzen) ist das neue Rauchen. Zoome öfter mal raus aus dem virtuellen Tunnel und beobachte von oben, wie du deinen Arbeitstag eigentlich verbringst. Auf Basis dieser bewussten Wahrnehmung solltest du Verhaltensveränderungen dann auch zum Thema in euren Teamtreffen machen. Die Führungsperson ist hier in einer entscheidenden Moderationsrolle – leite kleine Pausen nach mindestens 90–120 Minuten ein, in denen alle Bild und Ton ausschalten können: zum Durchlüften, Bewegen, und für all das, was die Teilnehmer:innen eben gerade brauchen. Bringe hier immer wieder auch in den Dialog, wie du diese kleinen Pausen nutzt, um zu legitimieren, dass auch Mitarbeiter:innen auf sich achten dürfen, ohne dass du es als Führungsperson vorgibst. Das braucht oft allerdings Zeit und die Wirkung als Vorbild sollte gerade zu Beginn der Veränderungsinitiierung nicht unterschätzt werden.

Der Body-Scan ist eine passende Übung, um deine Selbstwahrnehmung zu schulen und deine Bedürfnisse in den Mittelpunkt der Aufmerksamkeit zu stellen. Ob im Büro oder am Schreibtisch zu Hause, diese gedankliche Reise von Scheitelkrone bis Zehenspitze ist unauffällig wirksam. Du nimmst einen aufrechten Sitz ein und schickst deine Aufmerksamkeit Schritt für Schritt von oben nach unten durch deinen Körper. Nimm deinen Kopf war, deine Augen, Lippen. Gehe weiter in Richtung der Arme, Schultern und der Hände. Sind sie warm, locker oder verspannt. Mobilisieren vielleicht mal deine Schultern und den Nacken vorsichtig. Schicke die Gedanken in Richtung des Bauchs, der Beine und Füße. Bist du hungrig, brauchst du Bewegung? Es geht bei dieser Mikro-Praktik erst einmal nur um die bewusste Wahrnehmung und differenzierte Beschreibung des Wahrgenommenen. Vielleicht spürst du manche Körperregionen am Anfang gar nicht mehr so genau, das lässt sich trainieren und wird mit der Zeit intensiver.

Virtuelles Gardening – wie kultivierst du den Team-Beziehungsgarten

Sind wir uns der physischen Dimension bewusst, geht es zweitens auf der Beziehungsebene vor allem darum, in der Kommunikation mit dem Team eine feine Sensorik auszubilden. Führungspersonen können ihre Mitarbeitenden nicht mehr so häufig in physischen Situationen oder Schreibtisch-Gesprächen beobachten. Umso wichtiger wird das achtsame Hinspüren und Hinhören auf die Zwischentöne, auf Worte im Chat, auf die Teilnahme an virtuellen Meetings und das Kommunikationsverhalten. Im Umgang mit dem eigenen Team ist es eine gute Reflexion mal zu überprüfen, wie viel Redeanteil man selbst hat und wie viel Anteil man dem Zuhören einräumt. So einfach und nüchtern diese Regel ist, wird sie dennoch vielerorts nur von einzelnen gelebt.

Immer wieder erleben wir Meetings, in denen die Kameras aus sind und sich Personen noch nie zuvor gesehen haben. Diese Personen beschreiben oft ein Unbehagen, weil sie sich wie der virtuelle Zirkus-Clown und beobachtet fühlen, was jedoch unbegründet ist. Wir sitzen nicht auf der Couch und machen einen TV-Abend, also können die eigenen Kameras auch an sein. Als Team kann selbstverständlich nach dem Check-In oder dem dritten Meeting am Tag gemeinsam abgestimmt werden, dass man das Video ausschaltet. Das gehört genauso zur achtsamen Kommunikation, wie das Ab- und Anmelden. Verlässt man einen physischen Besprechungsraum, würden wir auch kurz ein Signal in den Raum senden. Nutzt hierfür den Chat, somit ist für alle Anwesenden transparent, wer sich im virtuellen Arbeitsraum befindet und wer nicht.

Die Tatsache, dass wir nicht wirklich in einem Raum zusammensitzen, dass wir uns nicht sehen oder nur um die Präsenz der anderen Kolleg:innen um uns herum wissen, reduziert die Nähe und Verbundenheit. Wir kommen also nicht drum herum, die Frequenz der Eins-zu-Eins Treffen und der Teamrunden zu erhöhen, um diesem Gefühl entgegenzuwirken. Hier sollten wir uns immer wieder überprüfen, ob wir alle Mitglieder gleichermaßen im (Video-)Blick haben.

Das Skizzieren des Beziehungsnetzes ist hier eine geeignete Reflexionsübung. So banal wie es klingt, so wirkungsvoll ist es, vor allem im virtuellen Raum, wenn wir eben nicht mehr so einfach und spontan über eine Kollegin im Fahrstuhl stolpern, bei der wir uns schon lange einmal melden wollten. Zeichne dich selbst in die Mitte eines Blatts oder auf dein virtuelles Whiteboard. Um dich herum zeichnest du Kolleg:innen, Team-Mitglieder und wichtige Stakeholder ein, die für dich und deine Aufgaben wichtig sind.

Visualisiere die einzelnen Beziehungen entsprechend der aktuellen, situativen Intensität. Nutze Plus, Minus oder Sterne – welche Symbolik auch immer gut für dich funktioniert, es geht darum zu verbildlichen wie intensiv deine Beziehungen zurzeit gelebt werden. Siehst du ein Gleichgewicht? Hast du blinde Flecken? Bist du mit einigen Personen vielleicht sogar zu eng im Austausch und willst wieder mehr Grenzen wahren? Dieser erste Analyseschritt ist die Basis für weitere Aktionen. Mit der Zeit brauchst du das haptische Zeichnen meist gar nicht mehr und es reicht, dir das Beziehungsnetz vor dein Auge zu rufen und aus der Meta-Sicht zu reflektieren.

Im virtuellen Raum muss spontane, soziale Begegnung aktiv initiiert werden. Wir können nicht darauf warten, dass wir spontan mit dem kleinen Grüppchen an Kolleg:innen in ein Gespräch in der Kaffeeküche verwickelt werden. Als Führungsperson geht es darum zu erkennen, was das eigene Team gerade benötigt und welche sozialen Interaktionsformate situativ passend sind. Es eignet sich hier gut, sich die Mühe zu machen, das Team einzubeziehen, es selbst partizipieren zu lassen und die Verantwortung in der Organisation zu verteilen – vor allem auch an Kolleg:innen, die örtlich besonders weit entfernt sitzen. Wichtig ist, dass die gewählten Maßnahmen Identität stiften und Dazugehörigkeit erzeugen, genau dann, wenn identitätsstiftende Elemente, wie der Schreibtisch im Büro oder die Kantine, nicht mehr vorhanden sind.

Finde über Beobachtungen und gute Fragen heraus, was dein Team an Vorlieben hat bezogen auf Unterhaltung, Hobbies, Familie, Essen, Tagesablauf, Urlaubsziele, o.ä. All das sind wertvolle Indizien, um soziale Aktionen und virtuelle Events für dein Team zu initiieren.

Die Liste an Inspirationen vielfältig und es empfiehlt sich hier, gezielt das Fachliche auszusparen und den Fokus auf die persönliche Verbindung und den Austausch zu legen (im Kapitel »Die achtsame Organisation« beschreiben wir die Wichtigkeit der Informalität):

- Virtuelle Kaffee Ecke – Verlegt den Tratsch und Flurfunk bewusst in einen separaten festen Zeitrahmen unter der Woche. Eine schöne Geste ist, wenn wir das Ganze wirklich inszenieren – jede:r bringt seine Kaffeetasse mit, eine:r moderiert, sodass alle mal zu Wort kommen können.
- Lesezirkel – Seid ihr alle Leseratten und verschlingt spannende Literatur. Macht doch ein virtuelles Treffen daraus. Besprecht bestimmte Kapitel, lest gegenseitig vor oder ladet sogar die Kinder einmal dazu ein, wenn es Familien im Team gibt.
- Escape Games – Dank virtueller Videoräume können sehr einfach Spielfelder und -welten abgebildet werden. In jedem Raum müssen als Team Aufgaben erfüllt werden, sodass sich die Tür öffnet und man gemeinsam das Spiel gewinnt. Du kannst solch ein Spielfeld selbst aufbauen oder bei Event-Anbietern einen solchen Escape-Room-Service buchen.
- Speed-Dating in Breakout-Rooms – Dieses Kennenlernen eignet sich besonders für Gruppen, die sich neuformieren. In Tools wie Zoom oder MS Teams können 2er oder 3er-Gruppen zufällig ausgewählt und für 5–10 Minuten in Breakout-Rooms gebeamt werden. Jede:r hat ein paar Minuten Zeit sich mit 10 Fakten vorzustellen. Danach geht es weiter in den nächsten zufällig gewählten virtuellen »Speed-Dating-Raum«. Die Übung kann sehr gut auch auf Feedback-Zirkel ausgedehnt werden. Jede:r Teilnehmer:in bekommt dann die Aufgabe sich gegenseitig basierend auf Leitfragen Rückmeldung zur Zusammenarbeit zu geben und einen Verbesserungswunsch zu formulieren.

- Wine Tasting mit einer Weinbox vorab per Post – Ob ihr nun Wein oder anderes gemeinsam verkostet, das spannende ist bei diesem sozialen Event, dass du als Initiator analoge Dinge mit der virtuellen Welt kombinieren kannst. Sende deinen Team-Mitgliedern die notwendigen Utensilien nach Hause, die sie für das Wine-Tasting benötigen. Inszeniert den Abend so als würdet ihr euch festlich gekleidet irgendwo in einer mediterranen Vinothek treffen. Ein passendes Hintergrundbild für jede Person stimmt das Auge mit ein.
- Virtuelles Kochevent – Kocht jemand im Team besonders gut? Vielleicht wählt ihr gemeinsam ein Rezept und führt euch vom Gemüse schälen bis hin zum gemeinsamen Abwasch. Eine vorab gemeinsam erstellte Playlist kann den Abend musikalisch begleiten.
- Hintergrund-Bilder in den Unternehmensfarben – Plötzlich waren sie weg, die Statussymbole und Identifikationsmöglichkeiten wie der Gang in die Kantine, der eigene Schreibtisch und das Bürogebäude. Es bleiben Hybride-Bürokonzepte, bei denen viele Mitarbeitenden von zu Hause arbeiten. Gemeinsam könnt ihr als Team durch einheitliche Hintergrundbilder oder aufgehängte Unternehmens-Logos ein kleines Stück Unternehmen zu euch holen und signalisiert anderen Videoanrufern – aktuell triffst du mich in meiner Job Rolle.
- Nachts im Museum – Gibt es im Team Kunstbanausen oder Historikverliebte? Bucht euch virtuell geführte Touren durch die Staatsgalerie, die Bierbrauerei oder andere An- und Einblicke. Diese gemeinsamen Aktivitäten werden verbinden, erleichtern Inklusion, auch wenn sie das physische Erlebnis natürlich nicht ersetzen werden.

Die Informationsebene klug gestalten

Als drittes geht es um die Informationsebene der digitalen Zusammenarbeit und darum, die Selbstbestimmung in der Art und Weise wie Informationen ausgetauscht werden zu erhöhen. Müssen wir immer alle zur gleichen Zeit in derselben Videokonferenz sitzen? Müssen wir danach mehrere Male hin und zurück mailen, weil wir während des Meetings wenig Konkretes erarbeitet haben? Vermutlich nickst du gerade an deinen Kalender denkend und fragst dich: subjektiv gefühlt, nimmt die Anzahl an E-Mails und Konferenzstunden jährlich zu. Objektiv gemessen ergibt sich das gleiche Bild. 2020 und 2021 explodierten die Zahlen noch einmal exponentiell. Analysen von Microsoft ergeben, dass sich die E-Mail-Flut massiv erhöht hat, während sich unsere Sitz-Zeit in virtuellen Terminen um den Faktor 2,5 erhöht hat. Das alles ist weder effizient noch gesund.

Digitale Achtsamkeit in Teams führt dazu, dass sich die Mitglieder selbstorganisiert und selbstbestimmt überlegen, wie sie virtuelle Zusammenarbeit effektiv und nachhaltig gesund zugleich gestalten. Sie erkennen und nutzen die Möglichkeiten des virtuellen Raums. Das bedeutet auch, dass ein Meeting-Marathon, der vorher im Büro stattfand, nicht dazu führt, dass man sich nun digital von Videokonferenz zu Videokonferenz beamt.

Die von Dr. Judith Muster am Anfang beschriebene »erlebte Dringlichkeit« entspricht häufig nicht den tatsächlichen Terminzwängen und Abhängigkeiten in der Organisation. Nur weil mir gerade etwas in den Sinn kommt oder auf meinem Schreibtisch (digital) ankommt, bedeutet das nicht, dass ich sofort zu Telefon, E-Mail oder Meetingkalender greifen muss. Ein gegenseitiges Verständnis für Arbeitsabläufe, Respekt für Fokuszeiten und ein ehrlich wertschätzender Umgang mit der Zeit von Kolleg:innen kann bereits Wunder wirken.

Kleines bewirkt Großes: stoppe die sogenannten Back-to-Back Meetings und führe die neue Regel ein, dass kein Treffen oder Telefonat mehr als 25 oder 50 Minuten dauert. Hierzu gibt es bereits bei Google Meet, MS Teams oder Zoom die feste Einstellung, um gar nicht erst in Versuchung zu kommen. Studien zeigen, dass wir immer genau so lange diskutieren und für ein Thema benötigen, wie es uns der Terminrahmen zeitlich vorgibt. Kürzen wir die Zeit, passt sich die Dynamik automatisch an. Die kleinen gewonnenen Pausen eignen sich hervorragend, um die Gedanken zu beruhigen und sich ein bisschen Bewegung zu gönnen. Diszipliniere dich aber insofern, dass du die kurze Zeit zum Durchatmen, nicht zum E-Mail lesen und schreiben nutzt.

Die Asynchronität ist ein weiteres wesentliches Schlagwort, wenn es um die digitale Achtsamkeit im Rahmen der Teamzusammenarbeit geht. Hierbei steht asynchron dafür, dass wir an unterschiedlichen Zeiten, von unterschiedlichen Orten an dem gleichen Thema oder in der gleichen Datei arbeiten. Dies ist vor allem für alle die Aufgaben funktional, die nicht den spontanen Einfallreichtum und die Kreativität in einem Raum benötigen. Geteilte Dokumente oder Arbeitsgruppen wie in Slack, Mattermost, MS Teams oder Google Docs ermöglichen es, dass gemeinsam mit dem Team eine Meeting-Agenda definiert wird. Steht dort kein Punkt, sagen wir das Meeting konsequent ab. Achtsamkeit in der asynchronen Zusammenarbeit bedeutet auch, dass es eine Moderatorin oder einen Moderator gibt, der die Zeit einhält, alle Perspektiven in die Diskussion integriert, auf genug Pausen achtet und die Dokumentation des Meetings sicherstellt. Hier experimentieren viele Firmen, wie zum Beispiel Amazon, und setzen neue Meeting-Regeln auf, die eine bessere Vorbereitung sicherstellen aber auch eine Dokumentation so möglich machen, dass jeder und jede, die nicht anwesend sein konnten, im Nachgang die Dynamik und die Ergebnisse des Termins nachvollziehen können. Die Regeln besagen unter anderem, dass jede:r vor dem Termin eine genaue Beschreibung einzureichen hat, die skizziert was bringe ich ein, wie lautet mein Thema in fünf Sätzen und was möchte ich erreichen. Alle bereiten sich vor und bekommen im Termin selbst noch einmal Zeit, sich einzulesen. Es gibt klare Sprechzeiten, die vermeiden sollen, dass wir nicht auf den Punkt kommen, mit der Botschaft, die wir transportieren wollen. Termine werden Punkt genau beendet und grenzen auch nicht sofort an den nächsten an.

Auch haben viele Firmen neue Dokumentationsformen kultiviert, die über das klassische To-do-Protokoll hinausgehen, in dem ich maximal noch meinen Namen, meine Aufgabe und meine Deadline erkennen kann.

Das beschriebene, andere Dokumentieren der Meeting Beschreibung bedarf Übung und Achtsamkeit, denn wie aus der Vogelperspektive muss eine Person all die Signale, Worte und Stimmungen wahrnehmen, die in dem virtuellen Raum vorhanden sind. Richtig komprimiert und beschrieben, ergibt sich so jedoch ein Dokumentationsstandard, mit dem wir Verläufe auch noch Wochen später nachvollziehen können. Oft blockiert uns hier in Unternehmen die Angst, denn wenn etwas geschrieben steht, dann werde ich daran gemessen und wohlmöglich auch bestraft, wenn es nicht funktionieren sollte. Eine künstliche Angst, die vor allem in unserer Vorstellung entsteht. Wir tun uns schwer die Dinge verbindlich niederzuschreiben. Genau diese Visualisierung ist aber enorm wichtig, wenn wir virtuell wirksam zusammenarbeiten wollen. Whiteboard Tools wie Mural, Miro und andere machen es möglich, interaktiv in Echtzeit zusammen zu denken und zu gestalten. Selbst kreative Workshops zur Ideenfindung mit Methoden wie dem Design Thinking erfahren hier ein ganz neues Level an Effektivität und Inklusion. Die Hürden sind geringer und der Aufwand begrenzt um Kolleg:innen aus verschiedenen Standorten oder sogar Ländern mit anderen Stakeholdern wie Kunden zusammenarbeiten zu lassen. Achtsamkeit verleiht uns die Superkraft, die Möglichkeiten im digitalen Raum zu sehen, anzunehmen und selbstbestimmt als organisationale Chancen zu nutzen.

Integriere vermehrt Ge(h)-spräche in deinen Berufsalltag und mache zur Regel, dass einfache Termine bei einem Spaziergang erledigt werden können. Gerade dann, wenn man sich im Laufe der Woche bereits zwei, dreimal über die Videokamera gesehen hat, kann das »klassische« Telefonat der viel passendere Kommunikationsweg sein. Gleichzeitig bewegst du dich mehr und bringst dadurch auch deine Gedanken in Schwung.

Ein Ort der Begegnung: Das (virtuelle) Meeting

Arbeiten wir in hybriden Arbeitskontexten oder gänzlich von zu Hause dann wird das Meeting zum einzigen Ort der Begegnung. Es wird somit auch zum wichtigsten formalen Stellhebel, wenn eine Verhaltensveränderung erzielt werden soll. Für das Vorhaben »mehr digitale Achtsamkeit« im Team zu kultivieren, eignet es sich mit kleinen Übungen zu variieren, um neue Routinen zu stabilisieren.

Wenn Achtsamkeit also die zielgerichtete Aufmerksamkeit auf das Hier und Jetzt, bewusst und ohne Wertung beschreibt, dann gilt für das Meeting (ob virtuell oder im physischen Raum), dass wir als zum Termin Beitragende unseren Fokus bewusst auf die gemeinsamen Themen setzen.

Empfehlenswert ist daher für dich selbst vor oder zu Beginn des Meetings eine Minute innezuhalten und dir die Frage zu beantworten: Bin ich wirklich (wirklich) geistig anwesend? Was lasse ich gerade liegen, was mich vielleicht viel mehr beschäftigt als dieses Meeting? Bin ich in der Verfassung, dass ich einen Beitrag zu dieser Veranstaltung leisten kann und den gemeinsamen Zielen meine ungeteilte Aufmerksamkeit schenken kann?

Das Meeting beginnt. Keine Raketenwissenschaft, aber sehr wirksam sind die gemeinsamem Check-in Routinen.

Was wir früher vielleicht schon mit einem Blick beim Betreten des Meeting-Raums erfassen konnten (zum Beispiel Stimmung, Wohlbefinden oder Stresslevel) benötigt in Teams, Skype und Zoom ein neues formales Ritual. Je nach Länge des Meetings kann es je Teilnehmer:in von einem Satz bis zwei bis drei Minuten sinnvoll sein, bewusst zu artikulieren: Wie geht es mir? Wie bin ich heute da? Was lasse ich gerade liegen? Und das gemeinsame Commitment, dass das für die Dauer des Meetings liegenbleiben kann (oder die Information über ggf. zeitweise Abwesenheit).

Ein Moderator oder eine Moderatorin ist bestimmt und beginnt durch das Meeting zu führen. Nach den ersten intensiven Themenblöcken eignet sich eine mentale Pause – ein gemeinsamer Stopp Moment, denn die Konzentration auf das 2-D-Video, das Whiteboard und die fehlende Bewegung fordern unsere Gehirnleistung enorm heraus. Eine gemeinsame Minute der Fokussierung bewirkt hier Erfrischungswunder für das klare Denken.

Ob als Check-in zum Beginn eines Meetings oder zwischen zwei großen Agenda-Punkten: 60 Sekunden lassen sich immer einbauen und helfen uns dabei, gemeinsam anzukommen oder beim Abschweifen wieder zurückzukommen. Dies kann individuell in Stille oder angeleitet von einer Person funktionieren. Ob der Fokus auf die Kaffeetasse vor mir oder meinen Atem gelenkt wird, ist ebenfalls nicht entscheidend. Hauptsache ist, dass er für eine Minute dort verweilt und sich anschließend wieder vollkommen dem Meeting widmen kann.

Haben wir Themen auf der Agenda, die unserer Kreativität bedürfen, können wir mittels kleiner Achtsamkeitspraktiken unser Gehirn dabei unterstützen. Haben wir im Kapitel »Achtsamkeit im Arbeitskontext«, die schließende, fokussierende Meditation beschrieben, nähern wir uns jetzt der öffnenden, entdeckenden Wirkung durch ein Gedankenexperiment.

Setze oder stelle dich aufrecht hin. Breite deine Arme weit nach links und rechts aus und drehe nun die Handinnenflächen nach oben auf. Dadurch öffnen sich automatisch deine Schultern. In dieser Position richte dein Brustbein auf und tendenziell eher nach vorn. Wir stehen oder sitzen nun präsent an Ort und Stelle und öffnen unseren Brustkorb. Physiologisch verbessert das umgehend den Fluss der Atmung, psychologisch wenden wir uns dem Außen offener zu.

Wenn du noch ein wenig in dieser Position verweilen kannst, tue das. Ansonsten löse die Armhaltung nun auf und kreise ein paar Mal die Schultern nach vorn und hinten. Richte deine Gedanken nun auf die Welt um dich herum. Was hört und siehst du gerade alles? Spürst du den Boden unter deinen Füßen, oder die Sitzfläche des Stuhls, auf dem du sitzt? Nimm wahr, was alles um dich herum ist und lass es alles da sein – so wie es ist. Vielleicht überrascht dich ein Geräusch, das du so vorher noch gar nicht in deinem direkten Umfeld wahrgenommen hast?

Spätestens jetzt kannst du deine Arme locker hängen lassen, erinnere dich aber an die geöffnete Brust – den Herzbereich. Nun richte deine Gedanken auf das Problem, das du gerade lösen musst. Stelle dir genau vor wie das Problem aussieht. Wer alles hat das Problem? Wer leidet am meisten? Wem nützt das Problem aber auch oder hält es vielleicht sogar aufrecht?

Wenn du das Problem, das du lösen willst genau vor Augen hast, stellst du dir nun eine Person vor, die dich sehr inspiriert oder bereits in deinem Leben vorangebracht hat. Du musst die Person nicht gut kennen, aber du solltest dir vorstellen kann, wie diese Person denkt. Das kann Steve Jobs, Elon Musk, Angela Merkel oder deine Oma sein.

Wie würde diese Person dein Problem lösen? Was würde sie sagen? Was genau machen?

Rufe dir immer wieder den inspirierenden Menschen in den Kopf und antizipiere seinen Blick auf die Dinge.

Schreibe dir abschließend auf, was dir in den Kopf kam. Gab es neue Lösungsansätze? Oder neue weiterführende Fragen?

Diese Übung unterstützt dabei, dass wir uns von unserer eigenen oft fest gefahrenen Perspektive lösen können. Durch das gedankliche Springen in die Schuhe einer anderen Person fällt es uns leichter Neues zuzulassen, neue Ideen zu formulieren, ohne dass wir uns direkt damit identifizieren können wollen.

Du kannst dieses Gedankenexperiment immer wieder mal in Kreativphasen einsetzen, mit der Zeit wirst du sehen, wie einfach dir die Öffnung und der Perspektivwechsel fällt.

Ein gemeinsamer Check-out mit einer Retrospektive am Ende des Termins runden das Meeting ab. Wie bei einem guten Dessert schließt sich im übertragenden Sinne die Aufmerksamkeit und wir können mit dem behandelten Thema oder den Themen gut abschließen. Hier eignet sich eine Schreibübung, bei der jede Person für sich in Stille drei Items in drei Minuten notiert: was habe ich konkret für mich mitgenommen.

Wer noch Zeit hat kann eine kurze ›Speedback‹ Runde anschließen: »Ich fand heute sehr gut…«, »Ich wünsche mir für das nächste Mal…« und »Ich nehme mir konkret Folgendes mit«. Kurz und knapp, wie ein Blitzlichtgewitter antwortet jeder auf genau diese drei Fragen. Nimm dieses Feedback als Führungsperson sehr ernst und höre achtsam auf die Zwischentöne. Beobachte immer in der Dynamik wer was sagt und ob bestimmte Teilnehmer:innen immer schweigen. Diese Signale empathisch aufzunehmen können wir trainieren und helfen uns Beziehungen auf Distanz nah und wirksam zu gestalten.

Drei Atemzüge sind ausreichend, um das System Körper zu beruhigen, den Geist zu klären und sich selbst wieder etwas energetischer zu fühlen. Vor allem immer dann, wenn du das Gefühl hast, du weißt nicht mehr, wo du zuerst anfangen sollst, mache diese Mikro-Praktik der drei Atemzüge. Das Fantastische am Atem ist, wir haben ihn immer dabei, können unseren Fokus gut nach innen richten und außerdem hat die ruhige, tiefe Atmung eine direkt entspannende Wirkung auf unser vegetatives Nervensystem. Unser Gehirn signalisiert: alles ist gut, wir sind in Sicherheit.

(1) Atme ein erstes Mal tief ein und aus – und fokussiere deinen tiefen Atem, versuche ihn bewusst tiefer und voller werden zu lassen.
(2) Atme ein zweites Mal tief ein und aus – und fokussiere deinen Körper, bist du entspannt oder angespannt, beobachte wie sich dein Brustkorb hebt und senkt.
(3) Atme ein drittes Mal tief ein und aus – und dann stelle dir die Frage: was ist genau jetzt in diesem Moment wirklich wichtig?

Als Team gemeinsam Achtsamkeit zu praktizieren kann systematisch erlernt und in den Arbeitsalltag integriert werden. Das Unternehmen WEVOLVE begleitet mit seinem Team rund um die Gründer Daniel Rieber und Dr. Nico Rönpagel seit mehreren Jahren unterschiedlichste Unternehmen in der Entwicklung neuer Führungsqualitäten und einer achtsamen Unternehmenskultur. Basierend auf dem selbst entwickelten Mindful Leadership Modell findet die Veränderung hierbei von Innen nach Außen statt und beginnt mit der Schulung der Selbstwahrnehmung. Das Transformationsprogramm arbeitet daten-gestützt und basiert auf neuesten wissenschaftlichen Erkenntnissen. Daniel gab uns Einblicke in ihre Erfahrungen und Arbeit mit Kunden.

WEVOLVE – Mindful Leadership mit Raum, Zeit & Fokus

Der Name WEVOLVE betont die gemeinsame Weiterentwicklung und ein nachhaltiges Wachstum im Unternehmenskontext. Unsere Begleitung und Beratung fußen dabei auf dem Prinzip von achtsamer Führung und einer Kultur des Miteinanders. Darunter verstehen wir eine Fähigkeit, die von Innen heraus entsteht, um positive Veränderungen und Innovationen abzusichern – sowohl bezogen auf das Individuum als auch auf das ganze Team.

Ich selbst kam zur Achtsamkeit durch ihre Abwesenheit: Viele Jahre durfte ich in digitalen Unternehmen immer schneller und mit mehr Verantwortung arbeiten, bis mein Körper mir die Grenzen aufzeigte. Nach vielen Jahren der eigenen Achtsamkeitspraxis machte ich schließlich eine Ausbildung zum Systemischen Coach und Trainer für Achtsamkeit und suchte zusammen mit meinem Geschäftspartner eine Verbindung aus erprobten Mindfulness Praktiken und digitalen Lösungen. Aus meiner Sicht sind ambitionierte Arbeit und Achtsamkeit kein Widerspruch, es bedarf allerdings einer gemeinsamen Neuausrichtung von Team-Arbeit, Meetings und Unternehmensstrukturen als Ganzes.

Um eine spürbare Veränderung zu erzielen, haben wir ein zweimonatiges Programm entwickelt. Es besteht aus drei zentralen Elementen: Inspirierender Impuls-Vortrag, zweitägiges Intensiv-Training mit dem Team und dann eine sechswöchige Phase der Integration in den individuellen Arbeitsalltag.

Unsere Formate evaluieren wir auf wissenschaftlichem Fundament und veröffentlichen immer wieder Fallstudien, um die Wirkung unserer Arbeit transparent darzustellen. Als Beispiel kann ich einen Einblick in die Zusammenarbeit mit eBay Kleinanzeigen und deren CFO Nina Krüger geben. Das Unternehmen arbeitet seit einigen Jahren mit uns und dem Wise Impact Lab um das Wohlbefinden der Mitarbeiter:innen sowie eine gesunde Work-Life-Balance zu fördern. Beides hat sich eBay Kleinanzeigen als kulturelle Werte definiert, die nicht nur an der Wand kleben, sondern im Alltag erlernt und gelebt werden sollen.

Die Teilnehmenden wurden am Anfang und Ende ihrer Transformationsreise mit standardisierten Befragungen und Interviews begleitet. Sowohl auf der Ebene der »allgemein erlebten Achtsamkeit« als auch bezüglich der vier gemeinsame definierten Einflussgrößen (Fokused Attention, Stress Regulation, Growth Mindset und Empathic Communication) können wir einen deutlichen Anstieg der definierten Parameter (durchschnittlich +22,8 %) feststellen. Die stärkste Verbesserung erlebte das Team auf der Ebene Kommunikation und Zusammenarbeit. Für uns ein klarer Beleg dafür, dass Mindful Leadership essenzielle Grundlage für Nachhaltigkeit und Wirksamkeit in Unternehmen ist. Denn Kultur entsteht dort, wo sich Menschen begegnen und miteinander kommunizieren. Genau dort setzt Achtsamkeit als ein Hebel der Veränderung an.

Aus unserer Sicht ist es essenziell, dass Unternehmen diesen Rahmen geben und ihre Mitarbeitenden dabei unterstützen, neues Verhalten und neue Fähigkeiten auszubilden. Mit einem Inspirationsvortrag kann die Tür zur Achtsamkeit im Unternehmen geöffnet werden. Wer es dabei belässt, wird allerdings nicht weit kommen. »Mindful Leadership« benötigt Raum, Zeit und Fokus, also strukturelle Veränderungen im Team- und Unternehmenskontext. Und tägliche Übung in der Begegnung.

Mindfulness stärkt die kollektive Intelligenz im Team

Eine spannende Untersuchung haben BCG und awaris zur Veränderung der kollektiven Intelligenz von 31 Teams mit knapp 200 Personen durch Achtsamkeitstrainings durchgeführt und Anfang 2020 in einer Studie veröffentlicht. In vier Aufgabenbereichen wurde die Leistung der Teams vor und nach Teilnahme eines 10-wöchigen Achtsamkeitsprogramms gemessen und eine signifikante Verbesserung um durchschnittlich 13 % festgestellt. Während die emotionale Intelligenz messbar zunahm, reduzierte sich das wahrgenommene Stresslevel in den Teams deutlich.

Zur Verankerung von Achtsamkeit in Unternehmen und Teams empfehlen die Autorinnen der Studie den Aufbau von persönlichen Achtsamkeitspraktiken durch Training der Führungskräfte und Mitarbeiter:innen, die Integration achtsamen Verhaltens in der Teamzusammenarbeit und schließlich die kontinuierliche Erfassung der Auswirkungen und falls notwendig Anpassung der Praktiken. Im Team sollten drei Verhaltensweisen praktiziert werden, um psychologische Sicherheit und kollektive Intelligenz zu steigern: Aufmerksamkeit und Konzentration, Zuwendung und Positivität sowie Emotionales Bewusstsein.

Die Ergebnisse legen nahe, dass es sich für alle Unternehmen lohnt mit dem Aufbau von Achtsamkeitspraktiken zu beginnen und über Pilotierungen in Einzelbereichen hinaus eine strukturierte für alle Mitarbeitenden zugängliche Durchführung inklusive Evaluation anzubieten. Die Kombination aus formalem Training und Integration in den Team-Alltag führt zur Verbesserung der kollektiven Intelligenz.

Was hast du aus diesem Kapitel mitgenommen

- (Projekt-)Teams und Abteilungen sind als kleinste Einheiten in Organisationen am besten geeignet, um Achtsamkeitspraktiken im eigenen Einflussbereich zu integrieren und direkte Mehrwerte zu realisieren. Ein Team kann sich sofort dafür entscheiden, mit einem gemeinsamen Check-in in die neue Woche zu starten oder eine Fokus-Minute ins nächste Meeting zu integrieren. Ohne Kosten und ohne Genehmigung, nur mit eurer Absicht und eurem Auftrag. Notiere dir hier einen konkreten Schritt, den du deinem (Projekt-)Team als Idee vorschlagen möchtest. Wie könntet ihr das nächste Meeting anders gestalten?

....

....

....

....

....

- Wichtig ist, der individuelle Zuschnitt auf dein Team: Was braucht genau ihr als Gruppe? Welche Achtsamkeitspraktiken stoßen auf positive Resonanz, welche auf direkte Ablehnung? Trainierte Achtsamkeit schärft empathische Sensorik, die notwendig ist, um zu erkennen und zu verstehen, was es kommunikativ bedarf, um effektive Zusammenarbeit immer wieder situativ anzupassen. Überlege dir hier, wie du deinen Impuls im Team ansprechen möchtest. Erwartest du Widerstand oder Zuspruch? Von wem und warum? Notiere dir hier ein Argument, wieso du glaubst, dass euer Team eine neue Achtsamkeitsroutine benötigt.

....

....

....

....

....

- Gemeinsame Routinen und Rituale helfen, dass Achtsamkeit fest in den gemeinsamen Arbeitsalltag integriert wird. Meetings als struktureller Stellhebel sind ein ideales Format, um Routinen zu integrieren. Habt ihr bereits bestimmte achtsame Rituale und Routinen als Team etabliert, schreibe sie hier auf!

....

....

....

....

....

- Physische Distanz muss nicht soziale Distanz bedeuten. In der virtuellen Zusammenarbeit gilt es, informelle digitale Austauschformate bewusst zu initiieren, weil die spontanen Treffen in der Kaffee-Küche oder die identitätsstiftende Wirkung des Bürogebäudes wegfallen. Notiere dir, wie viele Formate ihr als Team etabliert habt, bei denen es A) um inhaltliche und fachliche Abstimmungen geht und B) um den sozialen Austausch geht. Sollten dir bei B) keine zwei Formate einfallen, dann überlege dir hier, ob ein virtuelles Kaffee-Treffen, ein Wine-Tasting oder gemeinsames Team-Rätsel für sozialen Klebstoff sorgen könnten.

....

....

....

....

....

Die achtsame Organisation

»Es ist das falsche Mindset, das die Führungskräfte und Mitarbeiter hier haben.«
»Wir brauchen mehr Agilität.«
»Wir brauchen mehr Achtsamkeit.«
»Wir brauchen ein neues digitales Mindset.«

Worte, die auf vielen Hochglanz-Folien in den Unternehmen kursieren oder auf (Mitarbeiter-)Versammlungen in das Publikum gerufen werden. Auf die Nachfrage, was denn Mindset bedeutet und ob dann hier alle Führungspersonen falsch am Platz sind, folgt meist Stille. Wenn ein Problemmuster so weitreichend auftritt, spricht dies nicht für das falsche Personal, sondern vielmehr für unpassende Unternehmensstrukturen. Strukturen, die ein Problem aufrechterhalten und immer wieder reproduzieren. Wollen wir demnach das Verhalten in unserer Organisation transformieren, müssen wir uns neben den Hochglanz-Folien auch die Unternehmensstrukturen anschauen. Wie die Organisationssoziologin Dr. Judith Muster zuspitzt, ist es sogar übergriffig an der Haltung und Einstellung von Mitarbeiter:innen herumwerkeln zu wollen. Im Thema Achtsamkeit wird dieses Phänomen fast noch skurriler: Unsere Mitarbeiter sind überlastet, die Burn-out und Langzeiterkrankungen steigen? Dann bieten wir doch Achtsamkeit und Resilienz Kurse an, um die Menschen belastbarer zu machen und sie mit ihrem Stress besser umgehen lassen zu können. Willkommen im Drive-in von McMindfulness, einmal ein neues Mindset bitte.

Dies beschreibt eine fast schon perfide Entwicklung unserer »immer höher, schneller, weiter«-Gesellschaft, die dazu neigt, alles optimieren zu wollen. Wäre es nicht viel erstrebenswerter, Optimum durch Wirksamkeit zu tauschen – auch auf der Organisationsebene? Wir brauchen einen neuen Weg zwischen Achtsamkeit und Vernetzung, der die Unternehmen in die digitale Zukunft bringt.

Um Systeme – wie Organisationen sie sind – zu verstehen, lernen wir viel von der Systemtheorie nach Niklas Luhmann. Und obwohl er eine Koryphäe aus den 80ern bis 90ern ist, haben sich die meisten Gesetze und Wirkungsweisen, die Luhmann in seinen Theorien beschreibt, bis heute nicht verändert. Sein Modell der drei Seiten von Organisationen dient im Folgenden dazu, die achtsame Organisation ganzheitlich zu beschreiben und dazu einzuladen noch einmal zu überdenken, ob es wirklich an unserem falschen Mindset liegt. Vielleicht ist das Mindset aber auch nur ein Deckmantel, um strukturellen Versagen ein bisschen Menschlichkeit zu geben. In jedem Fall haben Organisationen keine Zeit, einen langjährigen Adaptionsprozess von Persönlichkeiten durchzuhalten. Schauen wir uns lieber den Alternativweg über Struktur und Verhalten an – mehr Schnelligkeit und mehr Wirksamkeit in der Führung von Transformationen.

Bevor wir uns anschauen, warum und wie Achtsamkeit selbst strukturelle Anpassungen erfordert, um in einer Organisation nachhaltig kultiviert zu werden, sollten wir uns noch einmal in Erinnerung rufen, dass sie zugleich auch Katalysator ist, um ganzheitliche Transformationsprozesse in der Summe erfolgreicher zu machen. Versetzen wir uns dazu in eine reale Situation in einem Unternehmen. Die Mitarbeiter:innen des Credit Centers eines Finanzunternehmens wissen rational schon längere Zeit, dass neue künstliche Intelligenz ihre Aufgaben zum Großteil erledigt. Der Tag X kommt, an dem die Geschäftsführerin berichtet, dass 2/3 des Bereichs innerhalb der nächsten zwei Jahre abgebaut werden müssen. Wie? Das wirkt zum aktuellen Zeitpunkt auf die meisten noch unkonkret. Vergleichen wir nun zwei Extrempole an Mitarbeitertypen, von denen Person A »mindful« ist und Person B eher den Kopf »mind-full« hat.

Person A ist darin geübt, die kommunizierten Dinge anzunehmen und zu akzeptieren, dass diese Beschlüsse des Bereichsabbaus getroffen sind und erst einmal außerhalb der eigenen Entscheidungsmacht liegen. Während Person B erst in Schockstarre, dann in Wut und dann in einen Zustand nicht zufriedenstellender Unsicherheit verfällt, beginnt Person A die Geschehnisse aus der Meta-Perspektive zu beobachten und Möglichkeitsräume zu erkennen. Das ist ein wesentlicher Schlüsselmoment, denn hier beginnt der erste Aufwärtstrend für Person A gegenüber dem stress- und angstgeprägten Abwärtsstrudel von Person B. Unser mindful Individuum reflektiert für sich die Optionen und den eigenen Handlungsweg. Die klaren Gedanken, Ideen und Energie sind absichtsvoll auf das gerichtet, was es zu beeinflussen gilt. Wie kann ich mich weiterbilden, wenn meine Expertise so nicht mehr gebraucht wird? Wollte ich nicht schon immer mal etwas ganz Neues ausprobieren und noch mal studieren? Wen kenne ich in meinem Netzwerk, die mir hier helfen könnte? Wie gestalte ich die Kommunikation, damit wir trotz dieser Härte des Beschlusses Zusammenhalt und Sicherheit kultivieren.

Mind-full Person B fühlt sich unfair behandelt, lässt es über sich ergehen oder resigniert im schlimmsten Fall. Die Veränderung fühlt sich wie ein Fremdkörper und eine Bedrohung an, die im Außen abläuft.

Person A wird Teil der Veränderung, gestaltet kreative Lösungswege mit und stärkt das Teamklima sowie das eigene Netzwerk. Am Ende führt sie den neuen, digitalen Kreditbereich – in Teilzeit, um das Studium endlich in die Tat umzusetzen. Es wurde erkannt, welche entscheidenden Stellhebel zum Erfolg reguliert werden mussten.

Eine karikaturistische Überzeichnung, denn so einfach und monokausal ist es im echten Leben meist nicht. Dennoch zeigt die Gegenüberstellung, dass Achtsamkeit eine Metakompetenz darstellt, die Individuen und Organisationen in jeglichen Transformationsprozessen Wirksamkeit und Zielorientierung verleiht.

Eine echte transformative Superkraft, die viele Pionier-Organisationen für sich bereits erkannt haben, und an der alle anderen Unternehmen nicht mehr vorbeikommen. Alle die beginnen, sollten auf ihrer Transformationsreise zu mehr digitaler Achtsamkeit drei Seiten im Blick haben.

Die drei Seiten der Organisation

Die Organisationssoziologie betrachtet Organisationen von drei Seiten: Schauseite, Formalstruktur und Informalität. Wir nutzen diese Blickwinkel gerne zur Analyse und Gestaltung von Veränderungsvorhaben in Unternehmen. Die Integration von Achtsamkeit und die Etablierung von entsprechenden Formaten lässt sich ebenfalls einer oder mehrerer Seiten zuordnen.

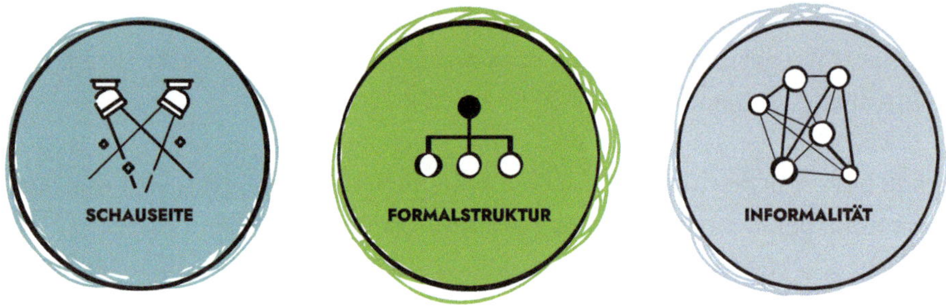

Die drei organisationssoziologischen Perspektiven auf Unternehmen

Die Schauseite – das Achtsamkeits-Narrativ

Die Schauseite beschreibt alles das, was ein Unternehmen auf der Vorderbühne verkörpert. Unternehmenswerte, der Sinn und Zweck, Kommunikations-Kampagnen und Webseiten. Hier bringen Unternehmen ihre Vision und ihren gesellschaftlichen Beitrag zu Ausdruck. Hier können widersprüchliche Aussagen harmonisch in »Purpose Statements« kombiniert werden und so zum Beispiel Autohersteller nachhaltige moderne Luxus-Fahrzeuge bauen. Die Schauseite stärkt das Image und die Attraktivität für Kund:innen, Investor:innen und Mitarbeiter:innen.

Achtsamkeit auf der Ebene der Schauseite bedeutet, diese Qualität in die Sprache und die Narrative des Unternehmens zu bringen. Wir sehen Organisationen, die »Mindfulness« in ihrem Wertekompass integriert haben oder »be-kind-to-yourself« Kampagnen ausrufen. Es werden Sponsoren im Topmanagement gesucht und Erfahrungsgeschichten von der eigenen Reise zu mehr Achtsamkeit erzählt. Die Abteilungsleiterin ruft zur gemeinsamen Bewegung im Rahmen des remote Meeting-Marathons oder der CEO teilt seine Morgen-Routine, die immer mit einer zehnminütigen Schreibübung beginnt. Ob auf der internen oder externen Bühne, digitale Achtsamkeit positioniert ein Unternehmen, verbessert das Image und steigert die Attraktivität für neue Talente. Stimmig verankert strahlt die Schauseite positiv auf die Formalstruktur und die informellen Kommunikationswege ab.

Das IT-Unternehmen diconium ist ein passendes Praxisbeispiel, wie Achtsamkeit wirkungsvoll als Wert im Unternehmen verankert werden kann. Wir durften von Eva Gabriel (Principal People Development) lernen, wie *mindfulness* neben *courage*, *collaboration* und *impact* als eine von vier Säulen zu einer positiven Entwicklung von diconium in einem dynamischen Umfeld beiträgt.

diconium – Mindfulness im Wertekodex

In den letzten Jahren sind wir bei diconium auf über 1.000 Mitarbeitende an 13 Standorten weltweit gewachsen. Als mitarbeiterzentriertes Unternehmen nahmen wir bereits 2018 »mindfulness« als einen zentralen Unternehmenswert in den Fokus.

Neben mindfulness leben wir noch die Werte courage, collaboration und impact. Alle vier Werte haben wir in cross-funktionalen Workshops und basierend auf internen Organisationsanalysen als unsere prägenden Leitbilder erarbeitet.

Mindfulness setzt sich bei diconium aus sechs Dimensionen zusammen: Vertrauen, Diversität, Arbeitsumgebung, Unterstützung, Fürsorge und Lächeln. Wir engagieren uns für ein nachhaltiges Arbeitsumfeld, in dem wir unsere Vielfalt fördern, einander vertrauen und uns gegenseitig aktiv unterstützen. Mitgefühl und Mut werden gelebt, das heißt, wir achten auf unsere Kund:innen, Kolleg:innen und uns selbst – »take care and smile«.

Nicht unerwähnt bleiben soll hier unser offener Umgang mit Fehlern: wir glauben, dass wir Herausforderungen sowie Fehltritte auch einmal mit Humor nehmen können. Nur so lernen wir daraus und entwickeln schnellere und kreativere Lösungen.

Die Unternehmenswerte haben wir wie oben beschrieben in Workshops und im Dialog mit unseren Mitarbeitenden entworfen. Im nächsten Schritt haben wir die Werte in internen »how2value-Workshops« pro Team konkretisiert, in unser Bonusly-System (Anerkennungs- und Belohnungsprogramm für Mitarbeiter) sowie im Führungskompass verankert. im Bereich Leadership haben wir, basierend auf mindfulness, für uns das zentrale Leadership Key Element »trust & respect« herausentwickelt. Dies hat zwei Effekte: wir schaffen ein Umfeld, in dem Achtsamkeit gelebt und belohnt wird. Insbesondere unseren Führungskräften geben wir über den Kompass Werkzeuge an die Hand, mindfulness aktiv in ihre Teams zu tragen und zu verankern.

Im Alltag bieten wir konkrete mindfulness-Maßnahmen für unsere Mitarbeitenden an. So machen wir zusammen Yoga, haben die Büroflächen ergonomisch ausstatten lassen und bringen Achtsamkeitsübungen vermehrt in unsere Meeting-Kultur. Ein Erfolgsfaktor für das Etablieren der Werte ist, dass wir diese von unten nach oben von internen Expert:innen und Mitarbeitenden entwickeln lassen haben. Und so leben und verändern wir diese auch permanent dynamisch weiter.

Das sind wertvolle Beispiele aus der Praxis, die wichtig sind, um den Rahmen für eine nachhaltige Transformation in Richtung achtsamer Organisation zu setzen.

Beginnen wir über diese Geschichten zu sprechen, machen wir Achtsamkeit sichtbar. Es wird ein neues Verhalten legitimiert. Für diese Fähigkeit der digitalen Achtsamkeit, müssen Organisationen ein Narrativ aufbauen, das für die Mitarbeiter:innen einen Zusammenhang zu ihrer Rolle und ihrem Arbeitskontext herstellt sowie den Achtsamkeits-Begriff nicht verwässert. Verwässerung ist hierbei kein seltenes Problem in Unternehmen, da schlimmstenfalls eine Bildsprache genutzt wird, die das Thema verfehlt. Es ist wenig verwunderlich, dass sich Managerinnen nicht von Fotos angesprochen fühlen, auf denen Männer im Anzug und Schneidersitz auf dem Schreibtisch sitzen oder Stein-Türmchen neben der Computer Tastatur liegen. Worte und Bilder schaffen Realität, daher ist es entscheidend, welche Analogien wir verwenden, damit ein Thema wie Achtsamkeit Gehör findet, insbesondere da es für den Arbeitskontext oft noch ungewohnt und fremd erscheint.

An dieser Stelle ein Gedanken-Experiment. Du bist Geschäftsführer:in eines globalen Konzerns und eine weltweite Pandemie hat den Umsatz massiv einbrechen lassen. Es müssen Projekte gestoppt und Mitarbeiter:innen entlassen werden. Wir erklären dir, du sollst einfach mal mit uns gemeinsam tief ein- und ausatmen. Vermutlich wärst du – gelinde gesagt – wenig begeistert von unserem Vorschlag.

Ein Stellhebel auf der Ebene des passenden Narrativs liegt darin, die strategische Sprache und Denkweise von Menschen im Unternehmen zu treffen. Strategie-Papiere sprechen von Fokus setzen, von Orientierung geben, von Innovation und von Transformation meistern. Dies sind im Unternehmen etablierte Prinzipien und Ambitionen und diese können genutzt werden

Die Schauseite isoliert zu betrachten reicht nicht aus. Im Gegenteil, es wird höchst dysfunktional wenn realitätsferne Narrative skizziert werden oder wenn das, was auf den Hochglanz-Folien steht, im Widerspruch zum erlebten Arbeitsalltag der Mitarbeiter:innen steht. Dann ist Zynismus oft eine gelebte Strategie, damit Menschen sich von dieser Irritation abgrenzen. Es wird eine emotionale Spannung erzeugt, zwischen dem, was kommuniziert wird und dem was individueller Handlungsspielraum ist, den die Mitarbeiter:innen in ihrer Rolle erleben. Ein Gefühl der Machtlosigkeit tut sich auf, denn es scheint sich kein Weg zu finden, das legitimierte achtsame Verhalten zu zeigen, das auf einmal auf allen PowerPoint Folien steht. Diese Spannung findet im Zynismus ein Vehikel. Es ist eine häufig gewählte Art und Weise mit Worthülsen wie Achtsamkeit umzugehen, wenn die Geschäftsführung fast schon appellartig top-down beschließt: we care, mehr Achtsamkeit, mehr neues Mindset. Diese Referenz steht im Widerspruch zur gelebten Wirklichkeit und fühlt sich an, wie eine angewiesene Erziehungsmaßnahme. Auch wenn die Worte und Bilder schön gewählt sind und keiner dieser Achtsamkeits-Heuristik widersprechen kann – denn wer würde schon sagen, mehr Achtsamkeit ist falsch. Am Ende warten alle darauf, dass der oder die andere sie endlich vorlebt und das erfolgt eben nur, wenn es strukturell von uns gefordert wird.

Die Formalstruktur – es muss nicht gleich der Chief Mindfulness Officer sein

Hören wir Formalstruktur im Kontext »Unternehmen« dann assoziieren wir damit sofort das Organigramm. Kleine Kästchen, mit Namen und Reporting-Linien auf einem sehr technischen Stück Papier. Es werden ganze Positionen und Prozesse um dieses Organigramm herumgestaltet, und dennoch ist es nur ein kleiner Teil dessen, was wir als strukturellen Gestaltungsraum in Organisationen haben. Formal strukturell ist alles das, was dokumentierte Prozesse, Kommunikations- oder Entscheidungswege sind. Dazu zählen wiederkehrende Gremien, Kommunikationskaskaden, Regel-Rücksprachen oder auch das jährliche Ziel- und Bewertungssystem für die Mitarbeitenden. Alles das, was offiziell formell niedergeschrieben ist und in das wir mit dem Unterzeichnen unseres Arbeitsvertrags einwilligen. So langweilig und unnötig, wie das Strukturelle oft auf uns wirkt, so spannend und relevant ist es für alle Transformationen, die wirklich wirken sollen. Und hier liegt die Verbindung zur »digitalen Achtsamkeit«. Nehmen wir also an, eine Organisation hat ein starkes Narrativ rund um Achtsamkeit und digital vernetze Zusammenarbeit gezeichnet. Dieses ist emotional, sinnstiftend und motivierend aufgeladen und die Menschen im Unternehmen können sich damit identifizieren. Dann gilt es diese Schauseite strukturell zu verankern, um das gewünschte Verhalten zu fördern. Formale Achtsamkeit klingt wie ein Widerspruch, denn wie sollen nun Strukturen dabei helfen, digital achtsamer zu arbeiten? Beginnen wir auf der kleinsten Ebene, dann ist dies die Gestaltung der eigenen Mittagspause. Die meisten Arbeitgeber geben formal eine Stunde Pause vor, die von der Arbeitszeit abgezogen wird. Ob wir in die Kantine gehen, einen achtsamen Spaziergang machen oder uns eine Gruppen-Meditation gönnen: hier entscheidet jede:r selbst welche Routinen die Energie für den Rest des Tages wieder ankurbelt. Viele Unternehmen, wie zum Beispiel Vodafone, Daimler, SAP und Google, bieten ihren Mitarbeitenden einen Ort der Stille und das entsprechende (virtuelle) Meditationsprogramm zum »Mindful Mittwoch« oder »Mindful Lunch« an. Die Verabredung zur gemeinsamen Achtsamkeits-Aktion ist schon der erste Erfolgsfaktor, denn durch den sozialen Druck erhöht sich die Verbindlichkeit und somit die Umsetzungswahrscheinlichkeit exponentiell. Wer also von sich selbst weiß, wie schwer es ihr oder ihm fällt, allein etwas Neues auszuprobieren, der nutze die Kraft der sozialen Gruppe oder des Netzwerkes und verabrede sich mit den Kolleg:innen. Gerade zum Thema Achtsamkeit schlummern die wildesten Geschichten und Erfahrungen im Verborgenen. So erfährt man auf einmal, dass der Kollege aus der IT nebenbei eine MBSR-Ausbildung macht, die Projektleiterin lange in Vietnam war und nun eine Zen-Schule leitet und wieder eine andere Person gerade eine App nutzt, die Qigong unterrichtet. Hallo digitale Achtsamkeit! Diese Fähigkeiten und Bedürfnisse der Mitarbeitenden werden oft außerhalb der Firma befriedigt und entfaltet. Meist eben nicht, weil wir Menschen, wie es so schön heißt, »das lieber in der privaten Freizeit« tun, die aufgrund der Arbeitszeit häufig stark limitiert ist, sondern viel eher, weil Menschen befürchten oder so in ihrer Organisation sozialisiert sind, dass solche Dinge am Arbeitsplatz nichts zu suchen haben. Hier geht es um Leistung, um Form – ja eben darum die Struktur zu wahren.

In jeder Organisation gibt es Mechanismen, die darüber entscheiden, welches Verhalten belohnt oder bestraft wird. Einer der Klassiker ist die jährliche Zielvereinbarung. Hier entscheidet sich in den meisten Fällen, wie hoch am Jahresende eine Bonuszahlung oder Gewinnbeteiligung ausfällt. Wir sind gewohnt, hier Key Perfomance Indicator in harten Zahlen zu integrieren, Projekterfolge zu beschreiben oder Ampelsysteme der Balanced Scorecard zu integrieren. In den seltensten Fällen aber, finden wir Fähigkeitsentwicklungen und Verhaltensbeschreibungen in den Zielvereinbarungen der Mitarbeiter:innen wieder. Wieso aber? Wenn also ein Unternehmen sich in die Strategiefolien und den Wertekompass »Achtsamkeit«, »digital first Mindset« und »vernetztes, silo-übergreifendes Arbeiten« schreibt, dann ist es für die Umsetzung klug diese Ambitionen auch dort zu verankern, wo wir Verhalten beeinflussen – eben in den Zielen und ergänzenden Feedback Gesprächen. Und auf einmal werden wir sehen, dass es die Mitarbeitenden gar nicht mehr so viel Überwindung kostet, zu fragen, ob sie am nächsten Achtsamkeits-Training teilnehmen können oder das Team gemeinsam mit einer Achtsamkeits-Übung in den Arbeitstag startet. Um hier gleich dem Einwand entgegen zu wirken, dass wir unseren Mitarbeitenden doch nicht anweisen können, achtsamer zu sein: Digitale Achtsamkeit sollte als Lösungsstrategie etwas Freiwilliges bleiben. Dennoch können wir ein (Führungs-)Verhalten beschreiben, das von Empathie, Ambidextrie, Netzwerkorientierung und Kreativität in der Transformation sowie Problemlösung geprägt ist. Spätestens seit dem Lesen dieses Buches, weiß der ein oder die andere, dass Achtsamkeitspraktiken wirkungsvoll sind, um diese Kompetenzen zu kultivieren und zu leben.

Auf der Ebene der individuellen Ausbildung von Achtsamkeitspraktiken durch Lernangebote sind große wie kleine Unternehmen bereits umfassenden ausgestattet: von digital bis analog, von einer Stunde Impulsvortrag bis hin zu achtwöchigen Programmen.

Eines der prominentesten Trainings ist die Search Inside Yourself Ausbildung, die ursprünglich vom Google-Entwickler Chade-Meng Tan aus dem Silicon Valley ihren Weg in die Welt fand. Das Training fußt auf dem Konzept der Emotionalen Intelligenz und wird neben Google auch bei Firmen wie SAP, Deutsche Bahn und Procter & Gamble angeboten. Peter Bostelmann und sein Team der Global Mindfulness Practice bei SAP berichten in Interviews und Podcasts vom Erfolg der tausendfachen Durchführung des Programms weltweit und geben ihr Wissen mittlerweile auch als Beratungsleistung an externe Kunden weiter. Search Inside Yourself Trainings sind klassischerweise auf der formalen Seite der Organisation angesiedelt, da signifikante Ressourcen bereitgestellt werden müssen. Neben zwei Trainings-Tagen plus Nachbereitungszeit fallen signifikante Teilnahmegebühren je Mitarbeiter:in an.

Einen anderen formalen Weg beschreiten die Boston Consulting Group und Daimler. BCG bietet allen neuen Mitarbeiter:innen im Rahmen ein Mindfulness Training an. Dieses ist leichtgewichtig in den On-Boarding-Prozess integriert und stellt sicher, dass direkt zu Beginn der Tätigkeit im Unternehmen Achtsamkeit konkret erlebt werden kann. Daimler bietet einen räumlich-intensiven Start in die Achtsamkeit an. Teilnehmer:innen erleben drei Tage die Basis der Achtsamkeit und Meditation im Rahmen eines Klosteraufenthalts.

Andere Unternehmen setzen statt Tages-Trainings auf punktuelle Inspiration und fördern den Dialog in online Crashkursen rund um digitale Achtsamkeit und Resilienz. Dabei sind manche Programme über mehrere Wochen bewusst so aufgebaut, dass sie sich in den Arbeitsalltag integrieren lassen. Prominent sind Working Out Loud Mindfulness von John Stepper und das Mindfriends Programm von Bosch. Beide Angebote nutzen die Zeit von acht Wochen, die ein Individuum im Durchschnitt braucht, um eine neue Verhaltensweise einzuüben und nachhaltig als neue Gewohnheit zu etablieren und den positiven sozialen Effekt der Peer-Group, der für viele ein wirksamer Treiber für Motivation und Ausdauer ist. Die Wahrscheinlichkeit erhöht sich, ernsthaft dran zu bleiben, wenn ich mich mit anderen verabrede, mich gegenseitig motiviere oder auch herausfordere.

Petra Martin (Lead Center of Competence Leadership) ist mit ihrem Team Initiatorin des Mindfriends-Programms bei Bosch. Ihr skalierbares Angebot ermöglichte bereits hunderten Mitarbeiter:innen einen Zugang zu Achtsamkeit und Meditation im Großkonzernumfeld.

Bosch – Wenn Elefanten achtsam tanzen

Welche Assoziationen fallen dir zu Bosch ein? Bei den meisten Menschen in Deutschland sind es wohl der Gründer Robert Bosch, Kühlschränke und Bohrmaschinen. Beim zweiten Nachdenken würden wahrscheinlich Innovationsstärke, größter Automobilzulieferer und Technologiekonzern aus dem Schwabenland dazu kommen. Nur so als Annahme. Bosch ist in der Tat ziemlich groß und divers, mit langer Tradition. Dass es in so einer Firma eine Mindfulness-Crew gibt, das hätten viele sicher nicht erwartet.

Ja, wir sind eine sehr große, technisch-orientierte Organisation, die den Spagat von Herkunft und Zukunft recht erfolgreich meistert. Deswegen kommt das Bild des tanzenden Elefanten bei uns immer wieder zum Einsatz. Ein Elefant deswegen, weil es Elefanten schon lange gibt (ein rosa Einhorn würde beispielsweise nicht so gut zu uns passen), weil er schlau, sozial, sympathisch und wegen seiner Größe etwas behäbig ist. Wie kommt ein solches Wesen nun zum Tanzen? Zum einen, weil wir das Tanzen (das moderne Führen und geführt werden) trainieren und weil wir vieles tun, um mehr Lebendigkeit und Leichtigkeit in die Zusammenarbeit zu bringen. »Enjoy, Grow, Perform« sind die bewusst gewählten, vieldeutigen Begriffe, die wir bei Bosch genau dafür formuliert haben. Der Mensch im Zentrum.

Was kann man nun tun, um diesen neuen menschenzentrierten Blick stärker zu entwickeln? Sicher viel und es wird auch viel getan. Eines, was aus meiner Perspektive und natürlich auch in diesem Buch, Erwähnung verdient, ist Mindfulness. Bereits seit neun Jahren experimentieren wir mit unterschiedlichen Formaten für unterschiedliche Zielgruppen. Angefangen bei Führungskräften, denen wir in Leadership-Lernprogrammen durch ein Mindfulnessangebot eine Einladung aussprechen, aktiv an ihrer Selbstentwicklung zu arbeiten. »Enjoy, Grow, Perform« umfasst so viele Aspekte des guten – und freudvollen Miteinanders. Das Aufschreiben allein reicht aber nicht aus. Plakate bringen nur dann etwas, wenn das Erleben sich mit dem Inhalt deckt. Irgendwann wurde uns jedoch immer wieder die Frage gestellt, warum ein so wichtiges Angebot Führungskräften vorbehalten sei? Valide Frage, so befanden wir.

Wir, die Mindfulness-Crew, brannten für die Vision, immer mehr Kollegen »auf's Kissen« zu gewinnen. Aus vielen wissenschaftlichen Studien wussten wir, welche gute Wirkung eine regelmäßige Meditationspraxis hat. Unsere eigene Studie zeigte signifikante Verbesserungen in Konzentration, Empathie, Kreativität und Produktivität. Auch die Stressresistenz wurde besser. Für uns zeigten diese Ergebnisse, dass Mindfulness eine positive Wirkung auf die gesamte Lebensqualität haben müsste. Deswegen waren und sind wir Überzeugungstäter, die gerne etwas Kleines mit großer Wirkung beitragen wollten. Wir haben ein eigenes Programm konzipiert: Niedrigschwellig, selbstorganisiert, handmade, schlicht und pur (so das schöne Feedback einer Teilnehmerin), von Kollegen für Kollegen. Mit Brian the brain als Maskottchen. Intern nennen wir dieses Programm »MindFriends«.

Wir Crewmembers waren alle schon in mehreren Working Out Loud Circles und immer wieder begeistert von den einfachen und wahrscheinlich deswegen so großartigen Wirkprinzipien. Und genau die haben uns zu unserem Konzept inspiriert. Buddygroups, 150-seitiges Workbook, 10 Stunden in 10 Wochen, in diesem Fall ergänzt um eine Meditations-App. So funktioniert soziales Lernen, so funktioniert dranbleiben und so funktioniert auch der Einstieg in die Mindfulness-Meditation.

Als zusätzliche Attraktivität haben wir drei verschiedene Stränge ausgearbeitet, um unterschiedliche Bedürfnistypen anzusprechen. Das sind Selbstführung, Deep Work und achtsame Zusammenarbeit. Egal, ob ich mich lieber stärker mit meinem Innenleben auseinandersetzen mag oder doch lieber mit meiner Fähigkeit gut zusammenzuarbeiten – es funktioniert. Konkret heißt das, dass im Strang Selbstführung daran gearbeitet wird, größere emotionale Klarheit, Gelassenheit und Freude zu kultivieren. Deep Work unterstützt die Fähigkeit, Aufmerksamkeit und Fokus zu halten und damit die eigene Leistungsfähigkeit zu steigern. Der Fokus im Strang achtsame Zusammenarbeit liegt auf der Verbesserung der emotionalen Intelligenz und entsprechender Kommunikation. Am Anfang der 10 Wochen legt jede:r einen Weg fest und verfolgt diesen dann Woche für Woche. Die Buddygroups bestehen aus (ungefähr) vier Personen. Die wöchentlichen Treffen werden von jeder Gruppe selbstorganisiert geplant, und weitestgehend virtuell gestaltet. Die Struktur der Stunde gibt das Workbook vor. Eine MindFriends-Stunde hat eine gleichbleibende Grundstruktur: Begonnen wird mit einer gemeinsamen zehnminütigen Meditation, einem Check-in, dem Input zum Wochenthema, einer persönlichen Reflexionsaufgabe, geendet wird mit anschließendem Austausch und Check-out. Begleitet wird das Programm mit einer Meditations-App, die speziell auf die drei Stränge ausgelegt ist.

Bisher haben wir knapp 700 Teilnehmende im Programm gehabt, mit wirklich sehr gutem Feedback. Derzeit läuft die vierte Welle. Eine internationale Gruppe wird im zweiten Halbjahr dieses Jahres starten. Wie bei wahrscheinlich jedem Projekt, das sozusagen aus der Mitte heraus entsteht, braucht es eine gewisse Zeit, um überhaupt bekannt zu werden. Irgendwann ist der Punkt erreicht, an dem das Interesse dann stark wächst. Das haben die Erfahrungen von WOL gezeigt. Wir sind ziemlich sicher, dass dieser Punkt sehr bald erreicht ist.

Das ist alles keine Raketenwissenschaft. Vielleicht ist es deswegen aber so gut? Ich bin überzeugt, dass es nicht immer den ganz großen Input oder Trainer braucht, sondern vor allem Raum und Zeit. Menschen brauchen genau dieses beides, um sich zu entwickeln. Eigenantrieb und diesen eben erwähnten Rahmen. Ich selbst habe selbstverständlich eine Runde mitgemacht und war erstaunt, dass auch ich mit meinen Buddies noch viel lernen konnten. Vor allem über uns selbst. Alle in unserer Gruppe waren schon recht erfahren, aber das hinderte gar nicht. In unserem geschützten Raum erlangten wir wirklich Tiefe und Vertrautheit.

Derzeit sitzen viele im Homeoffice, genießen es, hassen es, oder irgendetwas dazwischen. Wo auf dieser Skala auch immer sich jede:r einsortiert: egal ist es wohl niemandem. Es nehmen alle wahr, dass es so anders ist. Manches zu viel und ganz vieles viel zu wenig. Dieser Umstand trägt auf alle Fälle dazu bei, dass Selbstführung, Deep Work und achtsame Zusammenarbeit von deutlich höherer Relevanz sind. Wer jetzt in diesen Zeiten in der Lage ist, sich besser zu regulieren und sich nicht von allgemeinem Gemecker anstecken zu lassen, hat es leichter. Wer, trotz aller digitalen Ablenkungen – stets und ständig – in der Lage ist, seine Aufmerksamkeit dort zu halten, wo er/sie sie haben will, arbeitet besser und glücklicher. Und wer darüber hinaus auch noch im Remote-Modus Zusammenarbeit und Zusammenhalt pflegen kann, ja der/die leistet einen sehr wertvollen Beitrag.

Corona zeigt uns, dass es wirklich anders kommen kann als geplant. Das Hier und Jetzt hat jetzt alle Aufmerksamkeit. Aber auch die Zeit danach wird neue und auch alte Themen bringen, die unser bewusstes Verhalten bzw. dessen Veränderung brauchen werden. Wir alle sind gut beraten, uns die Fähigkeit anzueignen, mit dem was ist umzugehen. Es gibt sicher viele Wege, sich selbst aktiv für die Zukunft vorzubereiten. Der Markt ist voll von Angeboten aller Art. Aus meiner festen Überzeugung heraus sind es nicht die großen neuen Methoden, die uns in diesem Feld helfen werden. Es ist die Fähigkeit, sich immer wieder mit der Außenwelt abzugleichen, Spannungen zu integrieren und daran zu wachsen. Mindfulness kann uns dabei so großartig helfen.

Wenn gerade wir in den Technikkonzernen uns stärker auf Menschen fokussieren wollen, als wir das in der Vergangenheit getan haben, sind wir gut beraten, dem Menschlichen und dem Menschelnden Raum zu geben. Persönliches Wachstum ist kein Privatvergnügen, und wenn wir »starke Typen« (sorry für diese Genderunkorrektheit) haben wollen, die mit Freude wachsen und leisten, müssen sie auch mal schwach sein dürfen. Vor allem aber, so denke ich, brauchen wir alle die Fähigkeit, das Eine und auch das Andere bei uns selbst zu akzeptieren. Wer mutig sein will, muss die Angst kennen und genauso gilt es für Stärke und andere Attribute. Wir alle sind Menschen und das sollen wir auch sein dürfen. Oder?

Die Vielfalt in den Personalentwicklungsformaten ist beeindruckend und zeigt, dass Achtsamkeit schon lange nicht mehr nur ein Hype ist. Wir sehen aber auch in vielen Organisationen, dass diese Angebote hinter ihren Möglichkeiten bleiben, wenn wir es nur auf der Ebene der Personalentwicklung belassen. Fast jede:r wird das Phänomen kennen: hell erleuchtet und voll von neuen Ambitionen vom Training zu kommen, und spätestens nach dem dritten Tag, hat einen der Alltagstrott wieder und wir fallen in die gewohnten Verhaltensmuster. Jetzt hast du eine Idee warum, denn strukturell wird genau dieses »täglich grüßende Murmeltier« von dir am Arbeitsplatz gefordert. Wir haben bereits die organisationalen Bewertungssysteme angesprochen, die formal ein neues Verhalten beeinflussen. Es können aber auch die Organigrammstrukturen sein, die eine Organisation nutzt, um ein Thema hierarchisch abzusegnen und ihm eine gewisse Relevanz zuzuschreiben. Das Thema bekommt Kapazitäten, Budgets und Geschäftsverantwortung – quasi der organisationale Ritterschlag. SAP, zum Beispiel, hat Achtsamkeit genau diesen Stellenwert eingeräumt und den ersten Chief Mindfulness Officer Posten installiert.

Es gibt viele Wege aus informellen Graswurzelbewegungen und Experimenten im Kleinen heraus eine starke formelle Verankerung von Achtsamkeit in der Organisation zu realisieren. Eine besonders wirkungsvolle Entwicklung bei Procter & Gamble beschreibt IT-Manager Ralf Haacke:

P&G – Emotionale Intelligenz gemeinsam erleben

Die Reise zu mehr Achtsamkeit oder Mindfulness bei Procter & Gamble Deutschland (kurz P&G) hat im Jahr 2016 an Dynamik gewonnen: Nach persönlichen Erfahrungen mit Mindfulness in einer schwierigen privaten Phase meines Lebens, schlug ich der Arbeitsdirektorin in der DACH Region vor, entsprechende Programme bei P&G einzuführen. Dabei war die Suche nach erfolgreich skalierten Implementierungen von reinen Mindfulness-Programmen in vergleichbar großen Unternehmen sehr ernüchternd: Es gab schlichtweg keine. Bislang war die Frage »warum sollte Mindfulness von unserem Unternehmen für unsere Mitarbeiter eingeführt werden«, scheinbar nicht überzeugend genug beantwortet worden zu sein, um ein Unternehmens-Sponsoring zu bekommen.

Also stellte sich konkret die Frage, wie eine ›win-win‹-Situation für Mitarbeiterinnen und Mitarbeiter und das Unternehmen aussehen kann, die die Basis liefert, um in Mindfulness zu investieren. Dazu konnte ein bereits mehrfach erfolgreich umgesetztes, wissenschaftlich untermauertes und im Unternehmenskontext erprobtes Konzept gefunden werden: ›Search Inside Yourself (SIY)‹. Ein Mindfulness basiertes Programm zur Emotionalen Intelligenz (EI). Einfach ausgedrückt: Mindfulness hilft, den gegenwärtigen Moment wahrnehmen zu können. Diese Fähigkeit wiederum ermöglicht es, uns selbst mit großer Klarheit wahrzunehmen. *Selbstwahrnehmung ist die grundlegende Kompetenz emotionaler Intelligenz, auf der die weiteren EI Kompetenzen aufbauen.* Das macht Mindfulness zur »Grundrechenart« der Selbstwahrnehmung, die den Zugang zu weiteren und komplexeren »Rechenarten« von Selbstführung und auch zur Führung anderer ermöglicht. Denn was zeichnet herausragende Führungskräfte aus? Attribute wie Motivation, Empathie, Integrität, Vertrauen. Alles Attribute emotionaler Intelligenz, des Emotionalen Quotienten (EQ).

Damit war die Motivation zur Investition in das Programm bei Procter & Gamble gefunden, denn die Verbindung der Vorteile des Programms zu den Unternehmenszielen sowie Werten von P&G lag auf der Hand: Mindfulness als Grundlage eines Programms zur Steigerung der persönlichen Führungskompetenz. »Führung« wird dabei nicht mit »Personalmanagement« gleichgesetzt. P&G interpretiert »führen« im Sinne von »inspirieren, motivieren, anleiten«. Das gilt nicht nur für »Personalführungskräfte«, sondern zum Beispiel auch für Projektmanager ohne Personalverantwortung. SIY passt zu dieser Interpretation. Des Weiteren ist das SIY Konzept säkular verankert in der Neurowissenschaft. Dies ist essenziell, um in einem globalen und inter-kulturellen Unternehmenskonzept als förderungsfähig angesehen zu werden. Außerdem hilft der wissenschaftlich basierte Ansatz Brücken zu Mindfulness für die Mitarbeiterinnen und Mitarbeiter zu bauen, die sich dem Thema ansonsten eher nicht genähert hätten. Gleichzeitig bestand eine Herausforderung darin, den beginnenden Hype beim Thema Mindfulness richtig einzuordnen und genau darauf zu achten, was durch den aktuellen Stand der Neurowissenschaften als glaubwürdiger Nutzen von Mindfulness indiziert wird – und was eben auch nicht.

Das SIY Konzept bot zudem noch einen weiteren wesentlichen Vorteil: Wohlbefinden, oder in Neu-Deutsch: »Wellbeing«. In einer Welt, in der die Menschen großen, zum Teil existenziellen Herausforderungen gegenüberstehen, die immer schnelllebiger wird und in der eine immerwährende 24/7 Erreichbarkeit Normalität geworden ist, fällt es vielen Menschen immer schwerer, das Wesentliche zu identifizieren und sich darauf zu konzentrieren. Das trifft häufig auf Unternehmen mit einer High-Performance Kultur zu. Zu wissen, wie nachhaltige Leistungsfähigkeit erreicht werden kann, auch indem Werkzeuge zum Innehalten, Fokussieren und Wellbeing nicht nur erlernt, sondern in den Geschäftsalltag integriert werden, wird mehr und mehr zum Faktor für nachhaltigen Unternehmenserfolg.

Hilfreich war, dass die Wirksamkeit des SIY Programms datenbasiert bereits nachgewiesen worden war. Darauf aufbauend entschieden wir uns als Projektteam, SIY bei P&G zu starten. Gesponsert durch die Arbeitsdirektorin von P&G in DACH und mit der Hilfe von SAPs Chief Mindfulness Officer und seinem Team der SAP Global Mindfulness Practice startete der erste Pilot in Deutschland mit großem Erfolg. *Auf Basis der P&G Mission ›Touching lives – Improving life‹ wurde das Programm ›Improve YOUR Life‹ (IYL) genannt.* Im Fokus standen die P&G Mitarbeiterinnen und Mitarbeiter und die Ziele des Programms waren bereits im Namen mit den Zielen von P&G verknüpft. Eine von Beginn an durchgeführte, regelmäßige Befragung von Teilnehmerinnen und Teilnehmern des Programms, entlang einer Skala der für P&G wichtigen Ziele bei Führungsverhalten, Leistungsfähigkeit, Wellbeing und Kreativität sowie Innovation, half dabei, den Erfolg quantitativ messbar zu machen. Ein Grundprinzip war im Übrigen, die Teilnahme am Programm nicht anzuordnen, sondern sie denen anzubieten, die teilnehmen wollen. Schließlich kann Mindfulness nicht angeordnet werden. Außerdem wurde Wert daraufgelegt, Trainingsgruppen mit maximal 30 Teilnehmerinnen und Teilnehmern zu bilden, die sich vielfältig über alle Hierarchien, Unternehmensorganisationen, Altersgruppen etc. hinweg zusammensetzen.

Der erste Erfolg führte zu einem weiteren Pilotprojekt am globalen Stammsitz in Cincinnati. Nachdem auch dieses Projekt ebenso erfolgreich war, wurde über einen dritten Piloten in San Jose, Costa Rica, bewiesen, dass IYL auch in einer anderen als der deutschen oder amerikanischen Kultur erfolgreich ist. Damit war der Grundstein gelegt, interne Trainer auszubilden, um das Programm im Unternehmen breiter anzubieten. Mit 13 internen Trainerinnen und

Trainern, unterstützt von externen Trainern der SAP und in Partnerschaft mit P&Gs Learning & Development Organisation startete dann im Juni 2019 das Mindfulness-Programm in Asien, Europa, Latein und Nordamerika. Bis Februar 2020 wurde in 47 initialen Trainings rund 1.200 Mitarbeiterinnen und Mitarbeitern ein Einstieg in Mindfulness und EI ermöglicht.

Entscheidend für den nachhaltigen Erfolg war der Aufbau von lokalen Gruppen und Gemeinschaften, die gemeinsam Mindfulness und EI nach dem Training praktizieren konnten. Zunächst mit Hilfe des IYL Programms im Rahmen einer 28-Tages Challenge und angeleiteten Gruppenübungen, und dann durch die Gemeinschaften selbst gesteuert. Aus diesen Gemeinschaften heraus und mit Unterstützung der leitenden Führungskräfte wurde dann damit begonnen, Mindfulness und EI als vitales Element der Unternehmenskultur bei P&G in die Geschäftsprozesse zu integrieren.

Leider zwang uns die Corona Pandemie, Klassenraum-Trainings von heute auf morgen zu stoppen. Gleichzeitig zeigte sich aber auch die steigende Bedeutung von Mindfulness und EI insbesondere in schwierigen Zeiten. Also wurden die Trainings mit Hilfe des Search Inside Yourself Leadership Institutes sowie der SAP in ein virtuelles Format umgewandelt. Unsere internen Trainer wurden qualifiziert, die IYL Trainings virtuell durchzuführen. Parallel dazu wurde die Ausbildung weiterer 11 interner Trainer in Latein Amerika auf ein virtuelles Format umgestellt, das damit zum ersten Mal weltweit umsetzbar war. Zusätzlich schafft ein tägliches, virtuelles Angebot die Möglichkeit, standortübergreifend mit Teilnehmerinnen und Teilnehmern aus aller Welt 15-minütige ›Mindful Moments‹ zu erleben und Mindfulness gemeinsam zu praktizieren. Darüber hinaus werden globale Programme bei P&G zu »Equality and Inclusion« sowie zum »Growth Mindset« oder auch regionale Programme wie zum Beispiel das europäische ›Boost YOUR Energy‹ Programm der P&G-Gesundheitsorganisation unterstützt.

Der Erfolg rechtfertigt den hohen Einsatz: Auch mit den virtuellen Formaten ist das Programm-Rating der Teilnehmer außergewöhnlich hoch und das Feedback durchweg positiv. Die beiden Worte, die bei den Evaluationen am meisten genutzt werden, lauten: »Life changing«... Das spricht für sich.

Ein weiterer formaler Faktor ist der Versuch der Messbarkeit. Die meisten Firmen arbeiten mit Feedback-Tools und quantitativer Evaluierung, um die Wirksamkeit der Achtsamkeits-Angebote zu greifen und kommunizierbar zu machen. Natürlich auch, um die ein oder andere skeptische Stimme bis ablehnende Haltung zum Umdenken anzuregen.

Ich mess' mir die Welt, wie sie mir gefällt. Bis heute ist in Unternehmen die Logik zementiert, alles muss eine messbare Auswirkung haben – bestenfalls eine positive, die dem Unternehmen Geld bringt. Vor allem in großen Firmen, die stark kapitalmarktorientiert agieren, geht es darum, die wahre Wirklichkeit in Balken-Diagrammen und Key Perfomance Indicators darzustellen. Welche Wahrheit diese Diagramme oft wirklich haben, wissen alle die, die bereits welche erstellt haben. Nicht umsonst hält sich die Meinung: Traue niemals einer Statistik, die du nicht selbst gefälscht hast. Vom Business Case bei einem Start-up Pitch vor Investoren bis hin zur Projekt-Budget-Entscheidung im Vorstandsraum eines Weltkonzerns – in den seltensten Fällen können wir Kausalketten und Wirkungszusammenhänge eins zu eins in Zahlen ausdrücken. Und das ist nicht erst so, seit wir unsere Umwelt vermehrt mit »VUCA« beschreiben (volatile, uncertain, complex, ambigious, eine Bezeichnung aus den 1990ern). Und dennoch wollen wir ein Angebot im Kontext »digitale Achtsamkeit« machen. Denn jede und jeder, der oder die ein neues Thema in Organisationen bringt, sei gut beraten, die vorherrschende Sprache der Zahlen zu sprechen. Wir reisen auch nicht in ein neues Land und versuchen dort den Spanisch sprechenden Einheimischen ein komplexes Thema auf Deutsch zu erklären. Unabhängig davon, welche Passion und Energie wir hier reinstecken, wir werden scheitern.

Ein Weg die Brücke zu bauen, ist die Messbarkeit. Firmen wie SAP veröffentlichen ganz transparent ihre Erkenntnisse. Um Achtsamkeit zu messen, werden in vielen Fällen folgende Indikatoren herangezogen:

- Die totale Anzahl an Personen, die an einem Achtsamkeits-Format teilgenommen haben.
- Der Net Promoter Score, der angibt wie wahrscheinlich es ist, dass du das Achtsamkeits-Format weiterempfiehlst.
- Die Selbsteinschätzung bzgl. der eigenen Achtsamkeit vor und nach dem absolvierten Training.
- Abfrage von Routinen und Regelmäßigkeiten in der Achtsamkeitspraktik vor und nach dem absolvierten Training.
- Zahlen für Fluktuation und Langzeiterkrankungen.

- Unternehmenskulturelle Umfragen wie der GreatPlacetToWork Index, der Fragen rund um das Thema Achtsamkeit und psychologische Sicherheit bündelt.
- Der Business Health Culture Index (BHCI) evaluiert das Wohlbefinden, die Gesundheit und die Achtsamkeit der Mitarbeiter.

Neben den Fakten aus der Neurowissenschaft, gibt es mittlerweile gut untersuchte betriebswirtschaftliche Erkenntnisse, die zeigen, dass sich Achtsamkeit wirtschaftlich für Organisationen rechnet. Am prominentesten ist die Untersuchung von SAP mit Data-Scientists, die gezeigt hat, dass Achtsamkeit als Element der Geschäftsstrategie und nicht nur als ein kleiner Teil im Gesundheitsmanagement-Katalog, zu messbarem Return on Investment führt. SAP nutzt dafür weltweit den Business Health Culture Index. Dieser hat sich in den letzten acht Jahren um über 10 % gesteigert. 1 % Veränderung in dem Index führt zu 90–100 Millionen Dollar mehr operativem Profit bei SAP. Die Teilnehmer:innen von Achtsamkeitsprogrammen berichteten durchgängig von mehr Zufriedenheit im Beruf, verbesserter Klarheit in der eigenen Zielsetzung sowie mehr Kreativität und Ideenreichtum. Alles zahlenbasierte Gründe, die das soziale Kapital – die Menschen – stärken und direkt echtes Geld für ein Unternehmen wie SAP bedeuten.

Informalität – Ich sehe was, was du nicht siehst

Die dritte und letzte Systemseite ist die Informalität. Luhmann fasst mit diesem Begriff alles das zusammen, was in einer Organisation gelebt wird, ohne dass es offiziell niedergeschrieben oder formal verankert ist. Das können bestimmte Rituale und unausgesprochene Regeln sein, die neue Mitarbeitende sehr schnell beigebracht bekommen. So geht man beispielsweise niemals vor der Chefin nach Hause, zieht keine kurzen Hosen im Büro an oder fragt am besten den Kollegen Müller, wenn man auf dem kurzen Dienstweg eine Budgetentscheidung braucht. Es geht um die kollegialen Beziehungen, die Entlastungscliquen, die sich ohne strukturellen Auftrag bilden. Informalität steht für die digitale Arbeits- und Führungskultur, die gelebt wird, auch wenn formale Prozesse oder hochglänzende Schauseiten etwas anderes ausdrücken. Man sieht sie nicht auf den ersten Blick, oft erlebt man sie in der Beobachtung und den Geschichten, die Mitarbeitende über ihre Arbeit und das Unternehmen erzählen.

Zur Seite der Informalität gehören auch die Netzwerke in einer Organisation, die keinen offiziellen Auftrag und strukturelle Absicherung haben. Gerade in digitalen Zeiten von Enterprise Social Network Systemen und selbstorganisierten Communities, nehmen die Netzwerkdynamiken und -effekte exponentiell zu.

Graswurzelbewegungen sind eine spezielle, informelle Netzwerkart. Sie starten, weil ein paar motivierte Mitarbeiter:innen sich verabreden und beschließen, etwas Neues ins Leben zu rufen, das es so vorher in der Organisation noch nicht gegeben hat. Die Initiative erfolgt aus eigenem Antrieb und nicht durch einen formal abgesicherten Auftrag. Für viele Themen ist dieser Weg »von unten nach oben« zu Beginn ein sehr fruchtbarer, weil ohne jegliche Aufmerksamkeit und Lieferdruck, das Neue ganz unverbindlich ausprobiert werden kann. Gerade dann, wenn der Rest der Organisation von dem Thema nichts hören will, wenn es sogar als »schräg« und unpassend empfunden wird. Ein perfektes Startfeld für digitale Achtsamkeit unter dem Radar der Unternehmenshierarchie. Die Graswurzelnetzwerke sind nicht zu unterschätzen, meist verbinden sie mehrere hunderte Kolleg:innen. So war es unter anderem bei Daimler und Siemens der Fall, dass die Achtsamkeit durch eine kollegiale Verabredung zur »Mindful-Lunch-Break« durchs Hintertürchen ins Unternehmen kam. Heute ist sie zum festen, regelmäßigen Format in der Mittagspause geworden, zu dem Gruppen von bis zu 30 Menschen virtuell zusammenkommen und gemeinsam meditieren.

Graswurzelbewegungen starten durch ein paar Vorreiter:innen, die selbstmotiviert und -organisiert ein Thema wie digitale Achtsamkeit treiben und verankern. Die Krux ist, dass meist die Initiator:innen in der leitenden Rolle bleiben. Nicht selten sehen wir Fallbeispiele, bei denen große Netzwerke entstanden sind, dann verlässt eine aktive Initiator-Person das System und die Bewegung versandet. Essenziell für den nachhaltigen Erfolg ist es daher, von Beginn an mitzudenken, wie sich die Mindfulness-Bewegung langfristig formal strukturell absichern lässt. Es kommt der Tipping Point, an dem es notwendig ist, das Vorhaben auf stabile, breitere Säulen zu stellen – meist bereits, wenn es Budget und einen Sponsor für die nächste Ausbaustufe benötigt. Strategische kluge Fragen sind hierfür: welche Anreize bietet das Graswurzel-Netzwerk – sprich was hat jemand davon, der freiwillig hier mitwirkt »on top« zur vertraglich geregelten Arbeitszeit? Wie verteile ich Verantwortung so, dass der Erfolg nicht von einer einzelnen Person abhängig ist?

Positiver Nebeneffekt – Mitwirkende identifizieren sich viel stärker mit der Bewegung und es erhöht sich die Bereitschaft, als ein Teil davon auch aktiv Verantwortung zu übernehmen. Und wie verhilft man Führungspersönlichkeiten zu Glanzmomenten? Was haben sie direkt oder indirekt davon, wenn sie die eigenen Mitarbeiter:innen in dem Vorhaben »Digitale Achtsamkeit« unterstützen? Aus der eigenen Erfahrung wissen wir, wie wirkungsvoll und schmackhaft es sein kann, wenn wir Führungspersonen mit einem positiv belegten Thema eine Bühne bieten. Starte also mit mindful-spezifischen Community-Treffen, bei denen du alle Parteien zusammenbringst und verbinde die Vorreiter:innen, die im Thema digitale Achtsamkeit bereits große Affinität, Interesse oder sogar Expertise aufweisen. In den meisten Organisationen schlummern diese Talente im Verborgenen. Es braucht nicht viel: oft reicht ein erster E-Mail-Verteiler, eine wachsende Messenger Gruppe oder ein virtueller Community Raum, wenn es in deiner Organisation ein Enterprise Social Network gibt. Es entstehen achtsame Zellen, die organisch wachsen, bis es am Ende schon fast zur »FOMO – fear of missing out« wird, wenn jemand nicht Teil des Netzwerkes ist. In vielen Institutionen werden auf dem Weg dorthin erfolgreich »Botschafter:innen« identifiziert, die zum einen das Achtsamkeits-Narrativ im Sinne des informellen Netzwerkes verkünden und zum anderen in Dialogen, die Bedürfnisse der potenziellen neuen Netzwerktreiber:innen erfahren. Die Kunst ist es hier eine Balance zu finden zwischen lauter Schauseiten-Kommunikation und Bekanntheit zum einen und geheimnisvoller Exklusivität zum anderen. Viele Firmennetzwerke beschreiben als Erfolgsfaktor, die erste kritische Masse an Teilgeber:innen unter dem Radar zu gewinnen und unsichtbar zu bleiben. Die Digitalisierung schafft uns hier Möglichkeiten trotz Deckungshaltung im großen Stile und über Ländergrenzen hinweg Informelles zu gestalten und mit unbekannten Menschen zum gemeinsamen Ziel »Achtsamkeit zu kultivieren« zusammen zu kommen.

Diesen Weg von der kleinen Graswurzelbewegung bis hin zu einer Vielfalt an unterschiedlichen Mindfulness-Angeboten ist die Vodafone Deutschland GmbH gegangen, die sich als Teil der globalen Vodafone Group in den letzten Jahren zu einem Technologie-Kommunikationsunternehmen transformiert hat. Achtsamkeit hat sich hier zur Schlüsselfähigkeit für Fach- und Führungskräfte in der Transformation entwickelt, Andreas Rechter (Corporate Mindfulness und Manager Partner Contracts & Processes) im Detail aus.

Vodafone – Achtsamkeit so vielfältig wie die Mitarbeiter:innen

Inmitten dynamischer Zeiten großer Veränderungen ist Achtsamkeit zur entscheidenden Fähigkeit geworden. Sowohl für unsere globale Aufstellung als auch für die digitale Transformation unseres Geschäfts sind emotionale Intelligenz und ein »Digital Mindset« der Fach- und Führungskräfte Schlüssel zum Erfolg. Das fördert fokussiertes Arbeiten mit bewussten Entscheidungen, kreative Lösungen und Innovationen. Um dies zu unterstützen, wurde 2018 der Vorschlag aufgegriffen, intern ein Training für achtsamkeitsbasierte Emotionale Intelligenz allen Mitarbeitenden anzubieten – so wie es auch schon Vorbilder wie Google und SAP getan hatten. Damit wurde der Grundstein für die Graswurzelinitiative bei Vodafone gelegt. Als Mindfulness Ambassador erinnere ich mich, wie wichtig es war, dabei die drei Unternehmensbereiche Personalentwicklung, Gesundheitsmanagement und den CIO in eigener Linie frühzeitig aktiv einzubinden. Um die Überzeugungskraft zu erhöhen, ist dabei ein effektiver Mix aus interner Kommunikation und die Einladung von externen Expert:innen sinnvoll.

Der Erfolg des Trainings ebnete den weiteren Weg, um mehr Achtsamkeit ins Unternehmen zu bringen. Es wurden verschiedene Möglichkeiten und Formate genutzt, um die Belegschaft über den evidenzbasierten Mehrwert von Achtsamkeit zu informieren und dies mit neurowissenschaftlichen Studien zu untermauern. Um Achtsamkeit zu verstehen und für sich zu entdecken, ist allerdings erfahrungsbasiertes Lernen gefragt. Dafür wurden weitere Angebote geschaffen, die regelmäßig stattfinden. Der »Mindful Mittwoch« ist zum Beispiel ein 15-minütiges Impulsformat, das Achtsamkeitsaspekte mit praktischen Übungen verflechtet. Auch das Meditations-Experiment lädt dazu ein, durch neue Erfahrungen zu lernen. Diese Veranstaltungen sind offen zugänglich und werden virtuell angeboten. Das hat den Vorteil, viele Mitarbeitende an allen Standorten zu erreichen und so die Grundlage für die weitere Verbreitung zu schaffen. Teilnehmende berichten dabei von ihrem »Highlight« der Woche, das mit Freude erwartet wird.

In einem Konzern wie Vodafone mit über 100.000 Mitarbeitenden weltweit stellt sich schnell die Frage nach Skalierungsmöglichkeiten. Bis ein Multiplikatoren-Netzwerk aus cross-funktionalen Mindfulness Ambassadors zur Verfügung steht, gilt es weitere Varianten anzubieten. Hier ist eine Selbstlern-

Methode wie Working Out Loud (WOL) von John Stepper bestens geeignet, um anhand von strukturierten Leitfäden Achtsamkeitsaspekte zu erforschen und förderliche Gewohnheiten zu etablieren. Die Variante WOL Mindfulness wurde genau zum richtigen Zeitpunkt an dem Markt gebracht und wird seither bei Vodafone sehr gut angenommen.

Mit zunehmender Verbreitung und Sichtbarkeit der Graswurzelinitiative und veränderter Arbeitsweisen im dauerhaften Homeoffice seit März 2020 gewinnt Achtsamkeit zunehmend an Bedeutung bei Vodafone. Sie hielt sowohl Einzug in das einjährige Unternehmensprogramm »#bekindtoyourself« für einen gesunden Lifestyle als auch in das Leadership Development mit dem Aspekt achtsamer Führung in digitalen Zeiten.

»Statt mehr zu machen, geht es darum, Dinge zu reflektieren und bewusst anders das Richtige zu tun. Gleichzeitig zahlt das auf unsere »Future Ready«-Strategie für noch mehr selbstbestimmtes Arbeiten ein.« sagt Andrea Diepen-Goerres, Director People & Organisation Strategy, die sich als Sponsorin dafür einsetzt, mehr Achtsamkeit in die Unternehmenskultur zu integrieren und den Mehrwert zu realisieren.

Zudem engagieren sich Vodafone-Mitarbeitende für den Einzug des Wertes Achtsamkeit in die Unternehmenskultur, um die unternehmerischen Herausforderungen mit einem starken Miteinander zu meistern. Hier ist wird auch die Verflechtung des Mehrwerts Achtsamkeit mit dem Unternehmen als Ganzes deutlich – und gleichzeitig der Ansporn hier zu investieren. Zum einen beeinflusst das Betriebsklima, Studien zufolge, ein Drittel des Geschäftsergebnis. Zum anderen rentiert sich kultivierte Achtsamkeit auf vielerlei Ebenen: in Form persönlicher mentaler Effektivität (man ist fokussiert, das Richtige zu tun), in der performanten Zusammenarbeit mit Diversität und hinsichtlich exzellenter Führung.

Ulrich Irnich, CIO von Vodafone Deutschland, sieht es wie folgt: »Gerade im digitalen Zeitalter ist Achtsamkeit ein wichtiger Erfolgsfaktor im Arbeitsalltag und für jede Führungskraft. Achtsamkeit fängt bei jedem selber an und gehört in der Selbstführung fest verankert. Erst dann kann ich sie authentisch weitergeben und Raum für Gesundheit, Empathie und Reflexion einräumen. Großartige Unternehmen entstehen durch großartige Menschen.«

Smarte Lösungen, Innovationen und gewonnene Kundenloyalität steigern den Umsatz. Geringere Reibungsverluste und Fehlzeitquoten senken die Kosten. Das sind absehbare Effekte, die Vodafone im Einklang mit den Unternehmenszielen stärken, auch wenn weitere Evaluierungen noch ausstehen. Als größte Landesgesellschaft in der Vodafone-Gruppe hat der Erfolg der Achtsamkeitsinitiative bei Vodafone Deutschland das Potenzial, Erfahrungen und Best-Practices an die anderen Betreibergesellschaften weiterzugeben und so die Zukunft des gesamten Konzerns mitzugestalten.

Das Risiko bei Graswurzelinitiativen ist, dass sie auf ewig eine solche bleiben und mit dem Wechsel der Akteure in der Bedeutungslosigkeit versanden. Um etwas in Bewegung bringen und am Laufen zu halten, sich gleichzeitig einen gewissen Spielraum für Experimente zu sichern, eignen sich Initiativen aus der Mitte der Organisation hingegen gut. Eine Verankerung in formellen Strukturen, das Aufgreifen der strategischen Prinzipien des Unternehmens und schließlich zur Verfügung gestellte Ressourcen des Unternehmens, sind über Zeit unerlässlich.

Drei gewinnt

Wenig überraschend ist die Berücksichtigung aller drei Seiten für die nachhaltige Integration von Achtsamkeit im Unternehmen der erfolgsversprechende Ansatz. Häufig ist eine der drei Seiten bereits stärker ausgeprägt, sodass es sich lohnt, auf den anderen beiden Seiten »nachzuholen«.

In unserer Beobachtung werden Achtsamkeitsformate wie eine Mindful Break oder ein Mindfulness Training im Kloster häufig nur punktuell eingesetzt, sind strategisch formal zu wenig verankert und spiegeln sich (noch) nicht in Unternehmenswerten oder Leitlinien wider. Mit dem Modell der drei Seiten im Hinterkopf sowie den jeweils ausgeführten Beispielen als Inspiration, lassen sich wirkungsvolle Experimente starten, die Achtsamkeit ganzheitlich im Unternehmen kultivieren.

Was hast du aus diesem Kapitel mitgenommen

- Digitale Achtsamkeit schafft die mentalen und organisatorischen Voraussetzungen für nachhaltige Transformationen. Sie befähigt das System, neue Möglichkeiten offen anzunehmen, Bisheriges zu variieren, sich absichtsvoll für neue Wege zu entscheiden und diese funktional zu stabilisieren. Notiere hier, was dich in diesem Kapitel am meisten überrascht hat. Was findest du merk-würdig?

- Finde ein Narrativ, das mit den Werten und der Strategie verknüpft ist (Schauseite), statt den Business Manager im Schneidersitz abzubilden. Das Salzburger Achtsamkeitsmodell bildet hier die Inspirationsebenen ab: von Innovationstreiber Nummer 1, soziale Kompetenz für Zusammenarbeit und Führung bis hin zu Fokussierung und Performance, kann Achtsamkeit ein Weg für das »wie kommen wir dorthin« sein. Welche Verbindung zu bestehenden Bildern, Strategien oder Slogans siehst du in deinem Bereich oder deiner Organisation? Schreib dir auf, womit Achtsamkeit sinnvoll verknpüft werden könnte.

- Verankere das Achtsamkeits-Vorhaben formal strukturell zum passenden Zeitpunkt und denke diesen Plan von Beginn an mit. Das kann die Veränderung in der Meeting-Struktur sein, eine Ergänzung im Zielsystem oder eine formale neue Mindfulness Position. Das Erkennen des Tipping Points ist essenziell: zu viel Formalstruktur erstickt digitale Achtsamkeit oft zu schnell im Keim. Gibt es in deinem Unternehmen oder Projekt bereits formelle Elemente der Achtsamkeit? Gibt es Regeln, Mechanismen oder Strukturen, die du besonders wirksam nutzen könntest, um eine Veränderung nachhaltig zu begleiten.

....

....

....

....

....

- Unterschätze nicht die Kraft des unsichtbaren Informellen und erreiche unter ihrem Deckmantel eine kritische Masse der Mindfulness-Netzwerkbewegung. Wie könnte ein loses Netzwerk oder Netzwerktreffen in deinem Arbeitskontext aussehen? Notiere dir, falls es bereits Mindfulness Gruppen gibt, wie du dich einbringen oder was du initiieren könntest.

....

....

....

....

....

- Man handelt sich immer etwas ein: Bei Veränderungsvorhaben und auch beim Kultivieren von Achtsamkeit in der Organisationen sollte man stets Funktionalitäten und Dysfunktionalitäten betrachten. Eine spannende Frage ist daher immer, wer könnte gegen mehr Achtsamkeit sein? Wofür ist es gut, dass deine Organisation vielleicht manchmal digital unachtsam agiert? Notiere deine Hypothesen.

....

....

....

....

....

Was wäre, wenn?

Ja was wäre, wenn uns Digitalisierung so unterstützt und trainiert, dass wir digital achtsamer arbeiten? In dieser Realität, in der hybride Organisationswelten und virtuelle Arbeitsstrukturen unseren Alltag prägen, wird digitale Achtsamkeit die entscheidende Qualität. Nicht als gehypte Gegenbewegung zur digitalen Überdosis, sondern als solide Fähigkeit beides in Arbeit und Führung zu integrieren. Technologie verändert sich immer rasanter und unterstützt uns auf diesem integrativen Weg immer mehr. Ging es in den letzten Jahren um ein mehr Nutzer, mehr Daten, mehr Klicks und mehr Trigger-Mitteilungen, geht es gegenwärtig und künftig verstärkt um ein unsichtbares Begleiten durch Digitalisierung. Es beginnt eine Symbiose, durch die wir Menschen mit Apps und Roboter, Daten und Algorithmen wirksamer leben und arbeiten. Wir werden wie die Anthropologie sagt: Cyborgs. Wer jetzt sein Spiegelbild als Terminator oder Ironman vor sich hat, fantasiert zu weit. Cyborg steht in der wissenschaftlichen Definition für einen Organismus, zu dem externe, technologische Komponenten hinzugefügt werden, mit der Absicht, sich an neue Umgebungsverhältnisse anzupassen. Diese neue Modifikation unterscheidet sich von denen in der Urzeit oder dem industriellen Zeitalter, in denen die Nutzung von Werkzeugen oder Maschinen zu einer physischen Erweiterung führte. Wir lernten schneller zu laufen, besser zu jagen, mehr zu produzieren und zu erwirtschaften. Die Transformation, die wir momentan betrachten, ist keine reine Erweiterung des physischen Selbst, sondern eine Erweiterung unserer mentalen Strukturen. Vorausgesetzt wir trainieren sie.

Zwei Dimensionen gibt es, wie wir die unterstützende Funktionalität von Technologie hier unterscheiden können. Zum einen die Applikationen und Programme, die uns analysieren, erinnern, trainieren und herausfordern. Hierzu zählt das Angebot an Gadgets, die unsere Gesundheit sowie Aktivität analysieren, und die Apps, die uns Kurse, Übungen und andere Achtsamkeitsimpulse digital anbieten.

Zum anderen die Produkte der sogenannten »Calm Technology«. Hierbei handelt es sich um Designprinzipien, die das Tool oder Programm unsichtbar werden lassen. Das heißt, die Nutzung und Wirkung sind so intuitiv und ohne Störungen, dass wir Menschen unsere Aufgaben wirksamer realisieren, ohne dass unser Gehirn darüber nachdenken muss und somit in diesem kurzen

Moment, schon wieder Fokussierung und Energie verliert, die wir eigentlich für die eigentliche Aufgabe bräuchten. Anders als es viele bunte Applikationen, schrille Warntöne, lange holprige Registrierungsprozesse heute von uns fordern, schreit diese neue »Calm Technology« nicht nach unserer vollen Aufmerksamkeit. Dahinter stecken viel Achtsamkeit und somit emotionale Intelligenz im Designen der unsichtbaren Funktionalitäten. Geräte und Apps messen unsere Stimmung und unseren physischen Zustand, um das Licht anzupassen, den Kühlschrank aufzufüllen oder uns bedürfnisgerechte Angebote zu unterbreiten.

»Calm Technology allows people to accomplish the same goals with the least amount of mental cost.«
— Amber Case, Cyborg Anthropologian and Experience Designer

Apps für mehr Platz im Kopf

Der Markt um Achtsamkeits-Apps boomt. Calm und Headspace sind weltweit mit Abstand die meistgenutzten Mindfulness Programme und gewannen in 2020 addiert über sieben Millionen neue Kunden. Insight Timer, Breethe, My-Life Meditation, buddhify oder Oak lauten die Namen einiger Wettbewerber mit unterschiedlichen Schwerpunkten wie Meditation, Schlaf oder Atmung.

Die Angebotsliste ist ein Spiegelbild der Vielfalt an möglichen Achtsamkeitspraktiken. Das Spektrum erstreckt sich von traditioneller Meditation über bewegte Kurse wie Yoga, Qigong bis hin zum positiven Schreiben in ein virtuelles Notizbuch. Viele dieser Personal-Mindfulness-Trainer in App Format verbinden ihre Konzepte mit einer nachhaltigen Motivation. So wirbt die App Forest mit dem Slogan »Stay focused, be present« und lässt virtuell Bäume auf dem Display wachsen, wenn während einer selbst gewählten Zeit keine Unterbrechung durch andere Aktionen am Smartphone erfolgt. Diese virtuellen Pflanzen können sogar in reale Bäume verwandelt werden. Insight-Timer oder Yoga Vidya bieten Kursvielfalt rund um Meditation sowie Yoga ohne monatliche fixe Kosten.

Diese Applikationen finden auch vermehrt Einzug in Organisationen. So haben alle Unternehmen, die mit Microsoft 365 arbeiten, in Zukunft Headspace Funktionalitäten direkt integriert. Sitzt man also in der fünften Videokonferenz mit dem eigenen Team, besteht die Möglichkeit sich im Rahmen einer gemeinsamen Achtsamkeitspraktik anleiten zu lassen. Andere Firmen bieten ihren Mitarbeitenden Jahresabonnements der Achtsamkeits-Apps als Incentive an – 7mind ist die gängigste deutschsprachige Version, die mit Erstattung über die Krankenkasse beim Absolvieren der eigenen Stresspräventionskurse wirbt.

Die beste App für Mindfulness? Lässt sich aus unserer Sicht nur entsprechend der eigenen Präferenzen selbst ausprobieren. Die meisten Anwendungen bieten kostenlose Probezeiträume. Hier lohnt es sich eine Woche konsequent eine App auszuprobieren, um konkret zu überprüfen, wie gut sie die eigenen Achtsamkeitspraktiken unterstützt. Insofern, viel Freude beim digital achtsamen Experimentieren.

Dies sind wichtige und wirksame Schritte auf dem Weg zur mehr digitaler Achtsamkeit in der Alltags- und Arbeitswelt, denn Menschen verbringen tagtäglich viele Stunden in Organisationen. Stunden, in denen sie mit anderen Menschen und neuen Möglichkeiten in Kontakt kommen, in denen sie Transformation zulassen und aktiv gestalten – achtsam digital.

Eine digital achtsame Utopie

Zurück zur Was-wäre-wenn-Utopie. Lass uns einen digital achtsamen Arbeitstag entwerfen:

06:30 – Du wachst mit Tageslichtwecker auf und startest ausgeschlafen am offenen Fenster in den Tag. Drei tiefe Atemzüge und ein Glas Wasser begleiten dich in deine Morgenroutine. Die ersten Minuten des Tages gehören allein dir und du gestaltest sie genau so, wie es dir guttut. Dein Smart-Home unterstützt dich dabei vom digitalen Assistenten, automatischer Raumtemperatur und Musik, die deine Stimmung unterstreicht.

08:00 Dann lässt du die Welt in dein Leben unter anderem in Form von Smartphone und Laptop. Da alle automatischen Notifications ausgeschaltet sind gehst du zielgerichtet in einzelne Anwendungen. Alles hat seine Zeit: Social Network Interaktionen, E-Mails bearbeiten, Fokus-Arbeit, Chat-Nachrichten beantworten, Meetings und Geh-Spräche mit Telefonaten im Freien. Da Termine pünktlich beginnen und enden sowie nur noch 25 oder 50 Minuten dauern bleibt immer genug Möglichkeit die Übergänge in nächste Themen zu gestalten. Im Team habt ihr gemeinsam schnelle und langsame Kanäle definiert und respektiert eure individuellen Arbeitsabläufe. AdHoc-Fragen werden über den Messenger gestellt.

11:00 – Deine relevanten Erkenntnisse dokumentierst du im internen Social Intranet für deine Kolleg:innen und stößt dabei auf eine Vorlage, die dir viel Zeit im aktuellen Projekt ersparen wird. Du bedankst dich mit Like und Kommentar bei der Kollegin, die ihre Materialien geteilt hat. Zusätzlich postest du einen kurzen Beitrag zu einer Recherchefrage auf LinkedIn, um Hinweise auch außerhalb des Unternehmens zu bekommen und deine Sichtbarkeit zu erhöhen.

12:00 – Der informelle Austausch kommt auch virtuell nicht zu kurz: Ob ihr stolz euer Mittagessen in die Kamera haltet oder euch per Webconference über die besten Takeaway-Restaurants der Stadt unterhaltet, entscheidet das Team. Etabliert habt ihr ganz klar inhaltlich getrennte Formate für den sozialen Klebstoff. Deine Smartwatch erinnert dich, eine Runde um den Block zu gehen – Bewegung hat noch nie geschadet und aktiviert unsere geistige Fähigkeit.

13:00 – Nachmittags im Meeting sind alle wie gewohnt für das Projektupdate vorbereitet, kommen auf den Punkt und treffen notwendige Entscheidungen. Es wird nichts aufgeschoben. Während das Treffen pünktlich endet, sind die gemeinsam erstellte Dokumentation und alle gezeigten Informationen bereits allgemein zugänglich abgelegt. Die virtuelle Zusammenarbeit steht qualitativ der Arbeit im selben physischen Raum in nichts nach.

16:00 – Es bleibt Gelegenheit für eine geführte Meditation, die das Unternehmen im Rahmen der Mindfulness Trainings anbietet. Dein Assistent im Video-Tool erinnerte dich daran, eine Bildschirmpause und mentale Konzentrationszeit einzufügen. An anderen Tagen unterbrichst du deine Schreibtischarbeit für einen Lauf, Fitnessstudio oder eine Yoga-Session. Du hast für dich gelernt: es geht um die Abwechslung und um integrierte Routinen.

16:30 – Dein Kalenderprogramm schlägt dir vor für die kommende Woche mehr Fokus-Zeit zu blocken, um die übernommenen Aufgaben aus den heutigen Meetings bearbeiten zu können. Ebenfalls wird dir angezeigt, mit welchen Kolleg:innen du in den vergangenen Wochen sehr wenig Austauschmöglichkeit hattest und du vereinbarst virtuelle Kaffee-Dates. Anschließend kannst du wie geplant eine Stunde ungestört an der Präsentation für kommende Woche arbeiten. Da ihr in der Organisation exzellent vernetzt seid, wird Doppelarbeit vermieden. Auch die Verbindungen extern zu anderen

Unternehmen und Expert:innen sind stark ausgebaut. Du profitierst von vielfältigen Perspektiven und ergänzt deine dir vertrautenLösungsräume.

18:00 – Du spürst wie deine Konzentration am Bildschirm schwindet und gönnst deinen Augen eine Entspannungsübung, bevor es noch einmal an die frische Luft geht. Du reflektierst den Tag, notierst auf deinem Smartphone wofür du heute dankbar bist und freust dich auf den Abend mit Familie und leckerem Essen.

Was eventuell wirkt wie ein wirklichkeitsfremdes Märchen kann erlernt und trainiert werden. Individuell für dich, gemeinsam im Team und als Organisation. Alle profitieren. Darum lasst uns beginnen. Im Hier und Netz.

Check-out

Achtsamkeit ist vielseitig und bietet im digitalen Umfeld unzählige Möglichkeiten für eigene Praktiken und organisationale Verankerung. Die positiven Auswirkungen auf Fokus und Effizienz, Kreativität und Innovationsfähigkeit sowie auf Empathie und Resilienz sind mittlerweile bestens untersucht. Es lohnt sich also, Mindfulness am Arbeitsplatz zu kultivieren. So unterschiedlich wie wir Menschen sind auch Teams und Organisationen. Daher ist es sinnvoll, passende Wege für mehr digitale Achtsamkeit im eigenen Arbeitskontext zu definieren und zu beschreiten. Die Möglichkeiten sind vielfältig und bunt.

Für eine positive Veränderung ist eine gewisse Tiefe erforderlich, um nicht in wirkungsarmer »McMindfulness«- Oberflächlichkeit zu verharren oder dich mit der Symptombewältigung eines stressigen Jobs zu begnügen. Du hast dir ein solides Fundament zu (digitaler) Achtsamkeit, wirksamer Vernetzung und zur nachhaltigen Integration beider Qualitäten in Team und Organisationen angelesen. Nun geht es weiter in der Umsetzung.

Vielleicht hast du einige der Übungen bereits ausprobiert und Experimente gewagt. Diese ermöglichen in kleinen Schritten strukturiert weiterzugehen. Aus Erfahrung fällt es uns leichter in konkreten und überschaubaren kurzfristigen Vorhaben zu denken, um neue Routinen zu formen. Ebenfalls ist es erwiesen, dass wir Verhaltensänderungen am besten über die Anpassung von unterstützenden Rahmenbedingungen erreichen. Für beides hast du Beispiele kennengelernt und wir sind uns sicher, im Austausch mit Kolleg:innen lassen sich weitere besonders passende Ideen zum Aufbau digitaler Achtsamkeitspraktiken in genau eurer Organisation finden.

Womit wir bei der vielleicht wichtigsten Frage ankommen, die wir dir in diesem Buch stellen wollen:

Womit fängst du jetzt ganz konkret an?

....

....

....

....

....

....

Falls weitere Detailfragen für dein Achtsamkeitsvorhaben im Unternehmen hilfreich sind, könnten diese zum Beispiel wie folgt lauten:

Welches Problem wirst du mit digitaler Achtsamkeit lösen? Was ist das strategische Anliegen dahinter?

....

....

....

....

....

....

In welchem Kontext steht das Vorhaben?

Wer hat ein Interesse, dass es gelingt? Wer oder was steht dem entgegen? Gibt es eine:n Auftraggeber:in? Wessen Mitarbeit braucht es?

Bei Transformationsvorhaben ist es immer hilfreich Mitstreiter:innen zu finden und mit diesen in den Diskurs rund um diese Fragen zu gehen.

Bei einem Check-out lohnt ein kurzer Blick zurück auf den Check-in und deine Erwartungen, als du das Buch zum ersten Mal in die Hand genommen hast. Wurden sie erfüllt? Konntest du etwas mitnehmen, was für dich und deine Organisation wertvoll erscheint?

Wir freuen uns, wenn du dein Feedback, deine Kritik und deine Wünsche mit uns teilst. Entweder auf allen gängigen Social-Media-Kanälen (Kapitel »Über die Autoren«) als Rezension auf Goodreads, Amazon & Co. oder per E-Mail an hierundnetz@mountainminds.net. Deine Rückmeldung erlaubt uns, beim nächsten Workshop, Beratungsformat, Podcast oder Artikel noch besser zu werden. Im Voraus bereits danke dafür.

Zum Abschluss noch einmal unsere liebste Check-out-Übung, die du in »Digital vernetzt zusammenarbeiten« schon kennengelernt hast und die sich gut am Ende von Workshops und langen Meetings gemeinsam durchführen lässt. Oder eben am Ende eines Buchs.

Nun denn, dreimal tief ein- und ausatmen:

Atemzug 1: Richte deine Aufmerksamkeit auf deinen Atem.

Atemzug 2: Richte deine Aufmerksamkeit auf deinen Körper.

Atemzug 3: Richte deine Aufmerksamkeit auf das, was genau jetzt wirklich wichtig ist.

Von Herzen Danke, dass du uns deine Aufmerksamkeit geschenkt hast. Namaste.

Each and every moment is an opportunity to investigate the nature of your mind. When you bring awareness to a moment, a universe of new possibilities arises. To be mindful is to befriend the present moment as it is. To discover the beauty of your life while it's still yours to live. And most of all, to wake up.

– Jon Kabat-Zinn

Ausgewählte Inspiration online und offline

Uns gefällt das Gleichnis von den Zwergen auf den Schultern von Riesen, wenn wir über unsere Erkenntnisse nachdenken, die wir hier zwischen zwei Buchdeckeln zusammengetragen haben. Sie basieren auf vielen klugen Gedanken, die wir lesen, hören oder erleben durften. Sie wurden durch eine Vielzahl von Erfahrungen im Austausch mit anderen bereichert. Denn wir bauen alle auf bestehendes Wissen auf. Innovation beginnt häufig mit einer Variation von bereits Vorhandenem oder an anderem Ort bereits Etabliertem.

Im Folgenden stellen wir ausgewählte Literatur, Podcasts, Apps und Videos zu den verschiedenen Schwerpunkten des Buchs zusammen, die wir selbst als wertvoll erachten und die an der ein oder anderen Stelle Einzug in dieses Werk erhalten haben. Wir haben in den vorangegangenen Kapiteln bewusst auf Unterbrechungen durch Fußnoten oder Querverweise verzichtet. Solltest du eine für dich relevante Quelle im Folgenden nicht auf Anhieb finden, melde dich gerne direkt bei uns.

Mindfulness und MBSR nach Jon Kabat-Zinn

Meditation und Achtsamkeit sind inzwischen kein fernöstliches Mysterium mehr, sondern gründlich neuronal erforscht. Jon Kabat-Zinn ist einer der Vorreiter, der uns für dieses Buch wesentlich inspiriert hat. Mit der Methode »Mindfulness-Based Stress Reduction« (MBSR) legte der MIT-Molekularbiologe vor inzwischen fast vierzig Jahren die Grundlagen für die moderne Achtsamkeitspraxis. In diesem Programm integrierte Kabat-Zinn seine wissenschaftlichen Kenntnisse mit Erfahrungen aus Zen, Buddhismus und Yoga. Inzwischen wird MBSR in Kliniken und Gesundheitsinstitutionen auf der ganzen Welt gelehrt und von Krankenkassen gefördert.

- Masterclass: Jon Kabat-Zinn Teaches Mindfulness and Meditation. masterclass.com/classes/jon-kabat-zinn-teaches-mindfulness-and-meditation [01.08.2021]
- Jon Kabat-Zinn: Full Catastrophe Living. Delacorte Press 1990
- Jon Kabat-Zinn: Im Alltag Ruhe finden – Meditationen für ein gelassenes Leben. Knaur Leben 2019

- Ellen Langer: Mindfulness (25th anniversary edition). Da capo press books 2014
- TED – All it takes is 10 mindful minutes by Andy Puddicombe (Mönch und Gründer von Headspace) ted.com/talks/andy_puddicombe_all_it_takes_is_10_mindful_minutes [01.08.2021]
- t3n: Achtsam führen du musst. Ausgabe 62. t3n.de/news/achtsam-fuehren-t3n-62-zeigt-1336845 [01.08.2021]
- 7mind Podcast mit René Träder 7mind.de/podcast u. a. im Interview mit Peter Bostelmann in zwei Folgen Ende 2020 [01.08.2021]
- Daniel Riebers Podcast »Auf der Suche nach dem Hier und Jetzt« https://hierundjetzt.podigee.io/ [01.08.2021]

Das Salzburger Achtsamkeitsmodell nach Narbeshuber

Achtsamkeit ist ein komplexer Begriff aus der Psychologie, der durch seine inflationäre Alltagsnutzung an einigen Stellen an Schärfe verliert. Oft haben sich Bilder in unseren Köpfen verankert, die Achtsamkeit auf Stress, Gesundheit und »ich bin gut zu mir« reduzieren. Das Salzburger Achtsamkeitsmodell (SAM) wirkt dem entgegen und skizziert sehr anschaulich die Vielzahl an Facetten von Achtsamkeit. Vier Wirkungsebenen werden betont: Innovation und Veränderung; Emotionale Intelligenz; Selbstwahrnehmung und Stabilität sowie Fokus und Performance. Wissenschaftlich fundiert zeigt uns das SAM von Esther und Johannes Narbeshuber wieso Achtsamkeit aus Arbeit und Führung in Organisationen nicht mehr wegzudenken ist.

- Esther & Johannes Narbeshuber: Mindful Leader – Wie wir die Führung für unser Leben in die Hand nehmen und uns Gelassenheit zum Erfolg führt. O. W. Barth 2019
- https://www.mindful-leadership-institut.com/ [01.08.2021]

Search Inside Yourself – Von Google in die Welt

Der Klassiker an Achtsamkeitskursen in Unternehmen heißt Search Inside Yourself. Kein anderes Programm ist international bekannter geworden. Chade-Meng Tan, ein Ingenieur bei Google, entwickelte die 8 Wochen Reise mit Wissenschaftlern wie Jon Kabat-Zinn und Daniel Goleman, die Achtsamkeit bereits im Kontext Intelligenz und Stressreduktion etabliert hatten. Neu war die Art und Weise des Erlernens von Achtsamkeit im Unternehmenskontext. Search Inside Yourself befasst sich mit drei Prinzipien: Praktisches Achtsamkeitstraining, Selbstreflexion und dem Aufbau mentaler Routinen. Es beginnt bei unserem Selbst und dem Blick nach innen, bevor wir in die Interaktion mit anderen gehen. Seit 2007 haben zehntausende von Mitarbeitenden bei Google, SAP und anderen Unternehmen durch das Trainingsprogramm mehr persönliches Selbstwachstum erzielt.

Interessant ist an den integrierten Google Methoden, dass sie viele signifikante Studien einfließen lassen bzw. selbst anstoßen, um die Konzepte rund um Empathie, Emotion, Neurologie Zahlen basiert zu begründen. Dieses Fundament aus Zahlen, Daten, Fakten kombiniert mit der Art und Weise wie SIY Mikropraktiken anwendet, war der Türöffner, um viele Manager:innen in anderen Unternehmen zu überzeugen. Bis heute beeinflusst das SIY Leadership Institut viele Bewegungen weltweit und darf als Perspektive in unserem Buch nicht fehlen.

- Chade-Meng Tan: Search Inside Yourself – Optimiere dein Leben durch Achtsamkeit, Goldmann 2015
- Search Inside Yourself Leadership Institute https://siyli.org/ [01.08.2021]

Anleitungen zum Leben in digitaler Balance

Vermehrt stehen Bestseller in unseren Bücherregalen mit den Titeln: Ich bin dann mal offline, Digital Detoxen, und Digitale Balance. Es zeigt einen Trend, demnach wir uns immer mehr nach digitaler Entschleunigung sehnen. So zeigen Studien in Deutschland aus 2017, das jeder und jede zweite sich eine Auszeit aus dem Job wünschen, mit der Sehnsucht nach mehr Zeit für sich, weniger E-Mails, mehr lernen und offline reisen (Zukunftsinstitut). Wir können vermuten, dass diese Zahlen aktuell dank Zoom-Fatigué sogar steigend sind. Die Selbstexperimente und Bücher von dem brandeins Autor Christoph Koch haben uns viel Inspiration und Praxisübungen geschenkt. Koch durchlebt selbst die Reise der digitalen Ausbalancierung in 30 Tagen und hat für jede:n Leser:in eine passende Übung dabei. Von der Analyse des eigenen App Nutzungsverhalten, bis hin zum Schwarz-Weiß-Screen Modus finden wir alle etwas, was wir noch nicht ausprobiert haben, um unser digitales Verhalten kritisch und bewusst unter die Lupe zu nehmen.

- Christoph Koch: Digitale Balance: Mit smarter Handynutzung leichter leben – Die 30-Tage-Challenge, Heyne 2021

Atmen – Die vermeintlich einfachste Sache der Welt

Wenn wir uns mit Achtsamkeit und Achtsamkeitspraktiken beschäftigen, kommen wir nicht an der Atmung vorbei. Sie ist eines der besten Stellhebel, um die Gedanken zu bündeln und die Aufmerksamkeit nach Innen zu richten. Vorteil Nummer 1: den Atem haben wir auf natürliche Art und Weise immer mit bei uns. Vorteil Nummer 2: Indem wir unseren Atem regulieren und die Geschwindigkeit verändern, üben wir einen direkten Einfluss auf unser vegetatives Nervensystem aus. Das Gehirn signalisiert – alles ist gut, du kannst dich entspannen, wir sind nicht auf der Flucht. Für viele Menschen hat der Atem aber auch etwas Beklemmendes und Beängstigendes. Und wer kennt es nicht, genau dann wenn wir Stimme und Atmung für eine wichtige Präsentation benötigen, bleiben sie weg. Wir wollen gern im Boden versinken. Genau mit solchen Phänomenen hat sich Jessica Braun in ihrem Buch »Atem« beschäftigt und intensiv erforscht. Sie hat Interviews geführt mit Hebammen, Tauchern, Dominas, Key Note Speakern und Opernsängern. Raus gekommen ist eine Liebeserklärung an den Atem mit viel praktischer Übung und Inspiration für unser Buch.

- Jessica Braun: Atem – Wie die einfachste Sache der Welt unser Leben verändert. Kein & Aber 2019

Emotionale Intelligenz nach Daniel Goleman

Emotionale Intelligenz umfasst die Fähigkeit, die eigenen und fremden Emotionen zu beobachten, zwischen ihnen zu unterscheiden und diese Informationen zu nutzen, um das eigene Denken und Handeln zu steuern. Damit wird die Emotionale Intelligenz zunehmend zum Erfolgsfaktor für Menschen, die Gruppen leiten, verhandeln und kommunizieren. Die Emotion hat Einzug genommen und Relevanz in Wirtschaft und Politik gewonnen. Kernstück des Goleman'schen Verfahrens zur Ermittlung emotionaler Intelligenz ist die Einteilung der qualitativen Merkmale in fünf Ebenen: Selbstwahrnehmung, Selbstregulierung, Motivation, Empathie und soziale Fertigkeiten. Die EQ-Matrix teilt hierbei die Achsen: Ich-bezogen versus Wir-bezogen und wahrnehmend versus steuernd.

So viel Bestätigung und Anhänger:innen das Konzept verzeichnet, so viele Gegenstimmen gibt es. Die Kritik richtet sich im Wesentlichen gegen das schwammige, sehr breite Verwenden von Begriffen wie Emotion und Motivation. Außerdem sind die Erhebungsverfahren teils widersprüchlich und suggerieren eine falsche Wissenschaftlichkeit angelehnt an das psychologische Konzept des IQ. Dennoch inspirieren uns die Gedanken, Forschungen und Perspektiven rund um emotionale und soziale Intelligenz. Sie leiten überzeugend her, dass es für Wirksamkeit und Erfolg mehr Fähigkeit benötigt als den reinen Intellekt. Wie sagt Goleman so treffend: Gefühle zu spüren und sie zu kontrollieren macht unser Leben reich. Vor allem in Recruiting Prozessen, Assessment Tests, partizipative Führungsprinzipien, Wertekompass und Zielvereinbarungen ist der EQ fester Bestandteil in Unternehmen geworden, nämlich immer dann, wenn es um Kommunikation, (Selbst-)Führung und Kulturgestaltung geht.

- Daniel Goleman: EQ – Emotionale Intelligenz, dtv 1997
- Daniel Goleman: Soziale Intelligenz, Knaur 2008
- BCG & awaris: Study Collective Intelligence – https://awaris.com/wp-content/uploads/BCG-Tap-Your-Companys-Collective-Intelligence-with-Mindfulness-Feb-2020.pdf [01.08.2021]
- Alexandra Götzfried: Logbuch Emotionale Intelligenz, Beltz 2021

Spirituelle Intelligenz nach Danah Zohar

Nach dem EQ ist auch der SQ ein Konzept, das uns fasziniert und zum Nachdenken angeregt hat. Mit der spirituellen Intelligenz beschreiben Forscher:innen und Psycholog:innen Folgendes: Sie steht für unsere Sehnsucht und unsere Fähigkeit nach Sinn, Vision und Wert. Der SQ ermöglicht es uns, zu träumen und zu streben. Er liegt den Dingen zugrunde, an die wir glauben, und der Rolle, die unsere Überzeugungen und Werte bei unseren Handlungen und der Gestaltung unseres Lebens spielen. Vor allem unsere Kreativität ist mit der spirituellen Intelligenz verknüpft: Das menschliche Gehirn organisiert sich selbst, balanciert zwischen Ordnung und Durcheinander – und schafft dabei ständig Neues. Diese Bewegung ist essenziell, damit wir lernen und unser Gehirn kontinuierlich neue Synapsen aktiviert und Bahnen legt. Menschen die eine ausgeprägte spirituelle Intelligenz haben, streben nach dieser Beweglichkeit im Kopf. Merkmale sind vor allem Spontanität, Ganzheitlichkeit im Denken, Zusammenhänge und Mustererkennung, Demut, Andersartigkeit schätzen, Dinge aus unterschiedlichen Kontexten und Winkeln betrachten. Sie schwimmen gern mal gegen den Strom und sind sich ihrer selbst sehr bewusst, allerdings in ständiger Verbindung mit der Umwelt und den

Menschen drum herum. Spiritualität steht dabei für Geist und Weisheit. Die Neurologie kann diese »God Spots« im Gehirn seit neustem lokalisieren und messen. Zusammen mit den 40-Hertz-Wellen erzeugen sie unseren Sinn für persönliche Identität. Mit unserer spirituellen Intelligenz stellen wir grundlegende Fragen: Was ist der Sinn meines Lebens? Was ist meine Aufgabe in der Welt?

- brandeins Innovation, Elisabeth Gründler über Danah Zohar – Am Rande des Chaos, https://www.brandeins.de/corporate-publishing/mck-wissen/mck-wissen-innovation/am-rande-des-chaos [01.08.2021]
- Danah Zohar: SQ – Spirituelle Intelligenz. Zusammen mit Ian Marshall. Scherz Verlag, 2001

Psychologische Sicherheit nach Amy C. Edmondson

Psychologisch sicher ist ein Team, eine Beziehung oder eine Organisation dann, wenn sich Menschen so zeigen können wie sie sind, wie sie leben, was sie fühlen und denken. Sie haben das Vertrauen, dass Ideen gewünscht sind, das Fragen gestellt werden können, dass man Schwäche zeigen kann und auch Fehler gemacht werden dürfen. Vier Dimensionen bilden dabei das Kernstück der Messverfahren: die Einstellung zu Risiko und Fehlern; die Offenheit in der Kommunikation; die Bereitschaft zur Hilfeleistung; sowie das Wertschätzen von Vielfalt und Inklusion.

Das Konzept rund um die »fearless organization« das Edmondson und andere seit mehr als 30 Jahren erforscht, bekam neben ihrem Buch besondere Aufmerksamkeit durch das Forschungsprojekt Aristotle von Google. Mit mehr als 15.000 Mitarbeiter:innen wurde der Frage nachgegangen, wie wir das perfekte »high performance« Team gestalten können. Das Resultat zeigte, das Entscheidungsautonomie, Diversität und klare Zielsetzung zwar entscheidende Erfolgsdimensionen sind, dies aber alles nur dann zum »perfekten Team« führt, wenn das Fundament der psychologischen Sicherheit gelegt ist.

- Amy C. Edmondson: The Fearless Organization, John Wiley & Sons 2018
- NYTimes about Google, Aristotle Project – the quest to build the perfect team, https://www.nytimes.com/2016/02/28/magazine/what-google-learned-from-its-quest-to-build-the-perfect-team.html [01.08.2021]

Lebensbejahende Psychologie nach Viktor Emil Frankl

Wenige Menschen zitieren wir so gern wie ihn. Frankl beeindruckt als Neurologe, Psychiater und Begründer der Logotherapie, der vier Konzentrationslager während des Zweiten Weltkrieges erlebt und überlebt hat. In seinen Werken thematisiert er seine Erfahrungen, psychologischen Auswirkungen und wieso er trotzdem ja zum Leben sagte. Frankl beschäftigte sich mit der eigenen Kraft und Kontrolle über Gedanken sowie Emotionen. Mentales Training half ihm, Freiheit im Kopf zu kreieren und die eigene Reiz-Reaktion zu steuern. Gewiss wollen wir seine Geschichte und den Kontext in dem Frankl lebte nicht mit unserer heutigen Organisationsumwelt vergleichen. Dennoch leisten seine Theorien sinnvolle Herleitungen für die psychologischen Qualitäten von Achtsamkeit.

- Viktor Frankl: Man's Search for Meaning (2019): The classic tribute to hope from the Holocaust, Random House 2008
- Viktor E. Frankl: ... trotzdem Ja zum Leben sagen, Kösel Verlag 2009

Organisationssoziologie und Systemtheorie nach Niklas Luhmann, Judith Muster und Stefan Kühl

Die Organisationssoziologie befasst sich mit der Komplexität und Wirkungsweise sozialer Systeme. In ihrer Ausrichtung auf Kommunikation ermöglicht sie es, soziale Systeme jeglicher Art, seien es Interaktions- oder Organisationssysteme, über den gemeinsamen Nenner ihrer autopoietischen Operationsweise zu definieren und diese gleichsam in Beziehung zu setzen. Bei Organisationen handelt es sich um komplexe Gebilde. Sie koordinieren Aufgaben und Tätigkeiten unterschiedlichster, weit verstreuter und zumeist nicht gleichzeitig anwesender Charaktere. Dabei vermögen sie es all diese Tätigkeiten, trotz ihrer Simultanität so aufeinander zu beziehen, dass sie nicht Willkür oder Chaos ausgesetzt sind. Sie entwickeln Ordnungsprinzipien, gestalten Hierarchien und requirieren ihre Mitglieder anhand selbst formulierter Ein- und Austrittskriterien. Dabei agieren sie als Repräsentative übergeordneter, nicht adressierbarer Funktionssysteme (z. B. Bildung) und sind Mitgestalter individuell zurechenbarer Karrieren, sei es derer ihrer Mitglieder, sei es derer der von ihnen betroffenen Gesellschaftsteilnehmer. Aufgrund all dieser Anforderungen ist es Organisationen nicht möglich, alle Faktoren ihrer Existenz, Strukturierung und Ausprägung in Betracht zu ziehen. Sie sind genötigt Routinen und Programme zu entwickeln, welche Komplexität insoweit reduzieren, dass die Organisation handlungsfähig bleibt. Dabei können sie nicht ausschließlich die an sie formulierten Ansprüche in Betracht ziehen, sondern sind darauf angewiesen eigene Operationsweisen als Ausgangspunkt ihrer evolutionären Entwicklung anzuerkennen.

- Podcast: Der ganz formale Wahnsinn von und mit Andreas Hermwille und Stefan Kühl: https://formaler-wahnsinn.de/ [01.08.2021]
- Stefan Kühl: Brauchbare Illegalität – Vom Nutzen des Regelbruchs in Organisationen, Campus 2020
- Stefan Kühl: Organisationskulturen beeinflussen, Springer 2018
- Niklas Luhmann: Einführung in die Systemtheorie, Carl Auer-System Verlag 2017
- Judith Muster & Stefan Kühl: Organisationen gestalten – Eine kurze organisationstheoretisch informierte Handreichung, Springer 2016
- Podcast Ich Wir Alle – Episode 41: Judith Muster – Systemtheorie: https://ich-wir-alle.com/alle-folgen/details/41-folge-podcast-judith-muster-system theorie-welche-ursachen-und-auswirkungen-hat-das-eigenleben-deiner-organisation [01.08.2021]

Getting things done (GTD) Methode nach David Allen

Eine der bekanntesten Methoden, die befähigt die persönliche Produktivität in Leben und Arbeit zu erhöhen. Man erlernt Struktur, Ordnung und Herangehensweise, wie wir Aufgaben kategorisieren und konsequent erledigen. Die Methode lehrt uns darüber hinaus auch, unsere Momente der Ablenkung und des Konzentrationsverlust zu analysieren und zu eliminieren. Das Hauptprinzip der Getting things done Methode ist, dass die Nutzer:innen alle anstehenden Tätigkeiten in einer Art Verwaltungssystem erfassen und dadurch den Kopf frei räumen für Wichtigeres, nämlich die Erledigung der aktuell wichtigen Aufgabe, ohne befürchten zu müssen, andere Aufgaben zu vergessen oder den Überblick zu verlieren. Uns hat die Methode auf zwei Arten inspiriert. Zum einen ergaben Selbsttests, dass sich GTD sehr gut eignet zur Bearbeitung der weit verbreiteten Arbeitsstrukturen in Unternehmen mit vielen Meetings und E-Mail-Ablenkungen. Und zum anderen hilft sie der Aufmerksamkeit und Wahrnehmung darin, das große Ganze im Blick zu halten. Wir driften durch diese Meta-Perspektive nicht Tunnelartig ab und erkennen nicht mehr was das Wesentliche ist, um zu Erfolg und Produktivität zu kommen. GTD kann somit ein Weg sein, Menschen in ihrer Achtsamkeitspraxis zu unterstützen.

- David Allen: Getting Things Done: The Art of Stress-Free Productivity, Penguin Books 2015
- LinkedIn Learning: https://www.linkedin.com/learning/getting-things-done [01.08.2021]

Der Blick in die Zukunft durch die Augen des Zukunftsinstituts

Matthias Horx ist einer der bekanntesten Zukunftsforscher Deutschlands, der erst jüngst durch seinen Text über »die Welt nach Corona« in der Öffentlichkeit stand. Er entwickelte ein neues Konzept »die Re-gnose« abgeleitet von der üblichen Pro-gnose, die eine Vorschöpfung unseres Geistes ist. Wir stellen uns die Zukunft vor, was immer dann unpassend erscheint, wenn die Vorstellung auf ein neues Erwartungssystem trifft und eventuell Angst, Sorge und Untergangsgefühl in uns weckt. Die Re-gnose ist eher wie eine futuristische Hypnose, bei der wir uns versuchen in eine Situation zu versetzen, die in der Zukunft liegt. Von dort beschreiben wir was wir sehen, fühlen, hören, schmecken.

Mit seinem Institut beschäftigt sich Horx primär mit gesellschaftlichen Megatrends und bereitet diese kreativ und Persona-bezogen für die breitere Masse auf. Seine Trendmaps und Zukunftsberichte sind echte Hingucker und machen das Thema auch dem und der Otto Normalverbraucher:in zugänglich.

- Zukunftsinsitut: Trendstudie – Die Neue Achtsamkeit, Autoren: Harry Gatterer, Matthias Horx, Verena Muntschick, Diana Hertle, Anja Kirig, Daniel Anthes, Christian Schuldt, Lena Papasabbas, Nicole Brandes, 2017
- Zukunftsinstitut: Die Post-Corona Trendmap, https://www.zukunftsinstitut.de/artikel/zukunftsreport/post-corona-trendmap/ [01.08.2021]

Atomare Gewohnheiten nach James Clear

Er nennt sich selbst der »Gewohnheiten-Experte« und verfasste mit Atomic Habits einen internationalen Bestseller. Atomic steht dabei für das Atom als kleinster Baustein von Materie mit einem immensen Energiefeld. Habit beschreibt eine Routine oder Aktivität, die regelmäßig fast schon im Automatismus ausgeübt wird. Seine Kernessenz besagt, dass diese kleinsten Schritte, die wir als Gewohnheiten verankern, der Schlüssel zu wirklich großen Veränderungen sind. Es geht darum die negativen Strukturen aufzubrechen und neue positive Bausteine zu einem großen Ganzen Resultat zu etablieren. Basierend auf vier Prinzipien erklärt J. Clear wie uns das gelingt: 1) cue – benenne das neue »habit« mit konkreten Stichworten und platziere es so offensichtlich, dass du es mehrmals am Tag siehst, 2) craving – erzeuge ein Verlangen, indem du das Neue attraktiv gestaltest, 3) response – mach es so einfach, dass du direkt Rückmeldung erfährst, und 4) reward – dein Belohnungszentrum muss aktiviert werden, gestalte das »habit« so, dass du bei jeder Ausführung Befriedigung erfährst.

Erste wenn wir diese neue positive Gewohnheit mehrere Male ausgeübt haben, wird sie automatisch und somit zu neu erlerntem Verhalten. Laut J. Clear ist der Weg über Routinen und Gewohnheiten der einzige erfolgreiche, um nachhaltig Strukturelles in unserer Arbeit und im Leben zu verändern. Aus diesem Grund darf das Buch Atomic Habits auf der Liste der Inspiration nicht fehlen, da er einer der wenigen Autoren ist, die Routine mit Innovation und Transformation in Zusammenhang setzen und sie als den Stellhebel begreifen.

- James Clear: Atomic Habits, penguin random house 2018
- Petr Ludwig: Schluss mit Prokrastination, Redline Verlag 2017
- ManagerSeminare: Lehren von Luhmann – Routinen machen flexibel, Autoren: Judith Muster und Finn-Rasmus Bull, Ausgabe 270, 2020
- Martina Nohl: 75 Coachingkarten Wirksame Routinen entwickeln, Beltz 2020

Von New Work über Deep Work zu Mindful Work

Die Art und Weise wie wir arbeiten ist eine der Top Themen in den letzten fünf Jahren. Reihenweise Bücher wurden von New York Times, Financial Times, Wall Street Journal und anderen ausgezeichnet. So reihen sich auch Cal Newport und David Gelles ganz vorne mit ein. Das Phänomen steht für ein gesellschaftliches Problem: Technologie verändert Kommunikation und Interaktion in rasender Geschwindigkeit, die Arbeitsprozesse in Organisationen bleiben weitestgehend starr und unantastbar. Es entstehen Gefühle wie: Erschöpfung, im Hamsterrad rennen, ständig abgelenkt und unproduktiv sein. Eine Gegenbewegung führt uns daher zum Thema Fokus und Konzentration beim Arbeiten. Mindful Work beschreibt einen Weg wie Meditation und Yoga die Art zu arbeiten und zu wirtschaften verändern kann. Gelles wie auch Newport thematisieren unterschiedliche Unternehmensbeispiele, Vorbilder aus den Top-Führungs-Etagen und schlagen Übungen vor, die zum

Nach- und Umdenken anregen. Auch wenn deutlich wird, dass es nicht den einen goldenen Weg gibt, sondern produktive Arbeitsweisen etwas sehr individuelles sind, regen uns die Autoren zum Mitmachen an.

- Cal Newport: Deep Work – Rules for focused success in a distracted world. Piatkus 2016
- David Gelles: Mindful Work – How Meditation Is Changing Business from the Inside Out, Mariner Books 2016
- Cal Newport: Digital Minimalism: Choosing a Focused Life in a Noisy World, Penguin Books 2020

Das Social Me in Netzwerken nach Tijen Onaran

Nur wer sichtbar ist findet auch statt. Mit dem Satz prägte Tijen Onaran – Unternehmerin, Moderatorin und Investorin eine neue Form von »Self Branding« und Netzwerken in der Wirtschaft und Politik. In ihren Büchern setzt Onaran provokante Statements und stellt durch viele eigene Anekdoten den Praxisbezug her. Sie macht überzeugend klar, dass vielfältige Netzwerke die einzigen Systeme sind, die uns in Zukunft noch erfolgreich werden lassen. Netzwerken beginnt bei Onaran immer mit der eigenen Marke und deinem »Social Me«. Nur wenn du deine persönliche Geschichte erzählen kannst und dir klar bist, was du erreichen willst, nur dann kannst du gezielt und wirksam in Netzwerken aktiv sein. Sie regt an mit Übungen wie »Mime den Trump mit lauten schrillen Tönen« sich selbst auszuprobieren. Da Tijen Onaran in ihren Netzwerk- und Social Media-Büchern auch Empathie, Tonalität und Takt thematisiert, passen ihre Perspektiven in den Kontext der digitalen Achtsamkeit.

- Tijen Onaran: Nur wer sichtbar ist findet auch statt, Goldmann 2020
- Tijen Onaran: Die Netzwerkbibel, Springer 2019

Digitale Zusammenarbeit und Führung in Netzwerken

Ob im unternehmenseigenen Enterprise Social Network, auf LinkedIn oder mit Microsoft Teams: Führen und Arbeiten in Netzwerken kann (und muss) gelernt werden. Neben dem eigenen und gemeinsamen Experimentieren bietet es sich an, bei erfahrenen Praktiker:innen wie Harald Schirmer, Vivian Pein, John Stepper, Dion Hinchcliffe, Sabine & Alexander Kluge, Tanja Laub, Simon Dückert, Rainer Gimbel, Magdalena Rogl, Winfried Ebner, Katharina Krentz, Klaus Eck, Anna-Lena Müller, Ragnar Heil, Volker Weber, Cihan Sügür,

Isabel de Clercq und vielen anderen auf die Social Media Profile (zum Beispiel auf LinkedIn folgen), Blogs und in deren Bücher zu schauen bzw. in Podcastfolgen mit ihnen zu hören. Als Inspiration wohlgemerkt, nicht für Copy & Paste. Die Auswahl der für uns relevanten Kanäle, Themen für Beiträge und Kommentare sowie Accounts, denen es sich zu folgen lohnt, ist höchst individuell und darf sich über Zeit entwickeln. Ebenfalls lohnend ist die Teilnahme an einem Working Out Loud Circle über die Community von John Stepper.

Ein Blick in aktuelle Studien zur Veränderung sozialer Netzwerke und Technologien ist ebenfalls hilfreich wie Blick auf die Schattenseiten von Social Media. Nicole Diekmann richtet die Aufmerksamkeit darauf, wie Hass im Netz entsteht und was wir dagegen tun können.

- Harald Schirmers Blog auf https://harald-schirmer.de/ [01.08.2021]
- John Stepper: Working Out Loud. Page Two Books 2020 sowie Johns Blog und Community mit vielen wertvollen Materialien zu WOL https://workingoutloud.com/ [01.08.2021]
- Sabine Kluge & Alexander Kluge: Graswurzelinitiativen in Unternehmen: Ohne Auftrag – mit Erfolg! Vahlen 2020
- Marcus Hildebrandt et al.: Closeness at a distance – Leading virtual groups to high performance. Libri Publishing 2013
- Isabel de Clercq: Social Technologies in Business. Die Keure 2017
- Christiane Brandes-Visbeck & Ines Gensinger: Netzwerk schlägt Hierarchie – Neue Führung mit Digital Leadership. Redline 2017
- Nicole Diekmann: Die Shitstorm Republik, KiWi 2021
- Thorsten Petry (Hrsg.): Digital Leadership. Haufe 2016
- Vaerk Digital: Wem gehört Clubhouse – Umfrage & Studie https://vaerk.digital/whitepapers/clubhouse-study/ [01.08.2021]
- Microsoft Studie - 2021 Work Trend Index: Annual Report https://www.microsoft.com/en-us/worklab/work-trend-index bzw. als deutsche Zusammenfassung https://news.microsoft.com/de-de/work-trend-index-fuer-die-arbeitswelt-der-zukunft-lernen/ [beide 01.08.2021]

Mindfulness Apps und Werkzeuge

In den letzten Monaten haben wir uns verschiedenster Selbsttest ausgesetzt und die Klaviatur an Achtsamkeits-Apps ausprobiert. Die Liste ist lang. Von Klassikern wie den Meditationshelfern Headspace, 7mind und InsightTimer über Yoga und Qigong Apps wie Asana Rebel, YogaEasy und Freeletics zu Atmungstrainern wie Oak. Interessant sind auch die Konzepte, die mit Gamification Belohnung kreieren und die virtuell erzielten Resultate in die reelle Welt übertragen. So lassen Meditationsminuten Pflanzen wachsen und die App Forest setzt Bäume ein, je nachdem wie lange du fokussiert arbeitest, ohne dein Smartphone zur Hand zu nehmen.

Wer auf Kurse, Meditation gar keine Lust hat, den überzeugt vielleicht das digitale »5 Minute Journal«. Durch vorstrukturierte sechs Fragen reflektieren wir unseren Tag am Morgen und Abend. Das Runterschreiben der Gedanken räumt den Kopf auf und kann dazu führen, dass wir uns besser konzentrieren, weniger ablenken lassen sowie unsere Stimmung positiv beeinflussen.

Inspiration vom Kiosk

Weitere kluge Köpfe und ihre Perspektiven finden wir immer wieder in unseren Print-Favoriten. Die Redaktionsteams rund um die »Neue Narrative«, »t3n«, »brandeins« und »Psychologie heute« überraschen und erhellen uns immer wieder mit spannenden Titeln und Erkenntnissen, wie zum Beispiel der Artikel »Achtsam lesen du musst« (t3n Nr. 63).

Danke

Neben der notwendigen Inspiration gibt es Menschen, ohne die wir dieses Buch ganz konkret nicht in den Händen halten könnten. Unsere Freunde und Wegbegleiter Sabine und Alexander Kluge haben uns als Erste zu diesem Vorhaben ermuntert und den Kontakt zum Beltz-Verlag hergestellt. Judith Muster und Lars Gaede haben uns die Augen für die Organisationssoziologie geöffnet und mit Organize Awesome unseren Blick für eine ganzheitliche organisationskluge Beratung geschärft. Durch seine journalistische Erfahrung und kritischen Fragen hat Harald Willenbrock mit uns den roten Faden herausgearbeitet. Natascha Kornilowas Kreativität verdanken wir die passenden Illustrationen außen und innen. Danke an unsere Lektorin Julia Zubcic für die geduldige Begleitung auf der Reise zu unserem ersten Buch und die professionellen Tipps. Die praktische Vielfalt entstand in vielen Gesprächen und mündete in Gastbeiträgen von Tijen Onaran, John Stepper, Petra Martin, Andreas Rechter, Judith Muster, Daniel Rieber, Lena Papasabbas, Matthias Horx, Eva Gabriel und Ralf Haacke. In der Digitalwerkstatt von Annika Leopold durften wir uns ins Schreibexil flüchten, wenn wir einen kreativen Tapetenwechsel gebraucht haben. Und schließlich, ohne die Menschen in Organisationen mit denen wir in den vergangenen Jahren rund um digitale Achtsamkeit, Führung in Netzwerken, Innovation und Transformation arbeiten durften, würde es keine Erfahrungen in den Themen geben. Danke an unser digital achtsames Netzwerk.

Über die Autoren

Sophia Rödiger und Lukas Fütterer verbinden als Transformationsbegleiter, Organisationsberater und Gründer von MountainMinds die beiden Metakompetenzen Achtsamkeit und digital vernetztes Arbeiten.

Lukas begann nach internationalem BWL-Studium seine berufliche Laufbahn 2009 im Nutzfahrzeugeinkauf der Daimler AG. Es war jene Zeit, in der man noch ganz klassisch mit ein bis zwei Kollegen in einem Büro saß. Hatte man eine Frage, dann stellte man sie den Büronachbarn im Team. Wussten die nicht weiter, empfahlen sie mitunter eine andere Kollegin, die die benötigte Information haben könnte. Wissensgenerierung in Unternehmen war damals wie Stille-Post-Spielen: Man erfuhr, was der Nachbar wusste. Mit Glück reichte die Kette noch ein bis zwei Nachbarn weiter. Danach war Ende Gelände.

Die eine Zeit lang populären Datenbanken und mit viel Euphorie eingeführten Unternehmens-Wikis änderten daran nicht viel. Sie ähnelten bald stillen Silos, in denen zwar teilweise wertvolle Informationen abgelegt und gespeichert wurden. Nur abgerufen und erfolgreich angewandt wurden sie selten: Wer sollte auch wissen, was wo auf ihn oder sie wartete? Wie sollte man in alldem finden, was man brauchte? Wissen ist eine Ressource von hoher physischer Dichte und extrem kurzem Haltbarkeitsdatum. Sie muss daher weitergegeben werden, bevor sie verdirbt, und zwar im Idealfall direkt von jenem, der es generiert zu jenem, der es benötigt. Sie benötigt Kontext und Dynamik. Sie benötigt Netzwerke.

Glücklicherweise konnte Lukas 2015 im gerade entstehenden Enterprise Social Network eine Community für Einkäufer:innen aufbauen. Plötzlich hatte er nicht mehr nur auf das Wissen seiner zwei Büronachbarn, sondern von 700 Einkäufer:innen im Konzern Zugriff, die an ganz ähnlichen Fragestellungen bastelten wie er – und die jetzt mitunter auch von seinen Erfahrungen profitieren konnten. Natürlich gab es auch bereits davor internationale Austauschformate, meist in Form von physischen Meetings, aber eine Vernetzung 24/7 die zielgerichtet von jeder und jedem initiiert werden konnte, war neu.

2016–2020 war Lukas für »Employee Networking & Social Intranet« in der Digitalisierungsstrategie der Daimler AG verantwortlich. Als Führungskraft baute er das Team auf, das Community Manager:innen ausbildete, Working Out Loud groß machte, Licht in den Digital Collaboration Dschungel brachte und schließlich ein Social Intranet einführte, das heute von 300.000 Mitarbeiter:innen genutzt und gelebt wird. Er lernte, mit anderen Worten, die enorme Kraft des Netzwerks kennen und fühlte sich wie ein Fischer, der erstmals mit einem dichtgeknüpften Netz aufs Meer hinausfährt. Und doch fehlte etwas, was er durch Sophia kennenlernen sollte und was 2019 in der gemeinsamen Unternehmung MountainMinds Ausdruck fand. Lukas ist online wie offline ein gefragter Berater, Speaker, Moderator und WOL-Coach.

Sophia fragte sich 2015: Wie kommt das Neue in die Welt? Welche Ideen, welche radikal neuen Geschäftsmodelle braucht ein Traditionskonzern, um auf der nächsten Stufe individueller Mobilität vorn mit dabei zu sein? Nach vielfältigen Stationen im Personalbereich bewegten sie als »Lead of Innovation & Partnership Management« bei Daimler Mobility Herausforderungen wie diese jeden Tag. Sophia arbeitete gemeinsam mit ihrem Team mit klassischen Innovations- und Kreativitätstechniken wie Design Thinking, Lean Innovation und Creative Sprints. Der Druck, neue Geschäftsmodelle und vielversprechende Mobilitätstechnologien aufzutun, die den Konzern auf eine neue Stufe heben sollte, war enorm. Genauso war es die Taktung der Termine. Bis sie realisierte, dass sie mit einem immer höheren Tempo und intensiverer Suche nicht weiterkamen, dass es auch mit den besten Tools unter Termindruck nicht weiterging. Und stattdessen begann, mit Achtsamkeitstechniken zu experimentieren, die ihre Wahrnehmung schärften und halfen, Freiräume im Kopf zu schaffen. Danach war nicht alles anders, aber vieles fokussierter und kreativer.

Sophia hat als Führungskraft in der Zusammenarbeit mit Vorstand und Top Management immer wieder erlebt, dass häufig Extreme im Umgang mit digitaler Vernetzung an den Tag gelegt werden: Entweder kategorische Ablehnung oder online Erreichbarkeit zu jeder Zeit und um jeden Preis. Vielen Kolleg:innen konnte sie zu einer klügeren Balance mit Achtsamkeit verhelfen. Eine managementgerechte Sprache hat ihr häufig Türen geöffnet.

Mittlerweile hat Sophia genau wie Lukas Konzern und Festanstellung verlassen, um sich auf die gemeinsame Beratungsarbeit mit MountainMinds sowie die Leitung des Blockchain-Mobility-Startup bloXmove zu fokussieren. Als Wirtschaftspsychologin, Mindfulness Expertin, WOL-Coach, Yoga-Trainerin und systemische Organisationsberaterin hat sie vielfältige Erfahrungen zu Techniken gesammelt, die uns aufmerksamer, achtsamer und wirksamer machen können.

Gemeinsam unterstützen Sophia und Lukas Organisationen dabei, Digitalisierung und Achtsamkeit wirksam zu verbinden. Ihre Erfahrungen: Höchst ermutigend. Wichtigste Erkenntnis: Digitale Achtsamkeit entwickelt sich zu einer derart zentralen Kompetenz, dass möglichst viele sie erlernen sollten. Im Hier und Netz.

Sophia und Lukas sind auch privat ein Paar, seit 2020 verheiratet und lernen jeden Tag die Möglichkeiten und Grenzen ihrer eigenen Achtsamkeit im zusammen Arbeiten und Leben kennen. Wenn sie nicht gerade virtuell anzutreffen sind, verbringen sie ihre Zeit in Stuttgart und Berlin mit Familie und Freunden. Am liebsten sind sie in Bewegung mit ihren Laufgruppen oder beim Wintersport und Wandern in den Alpen. Die Berge sind für die beiden »MountainMinds« der Ort, an dem sie ganz besonders gut zu sich selbst finden.

Mehr Informationen und den direkten Austausch gibt es online:

	MountainMinds	**Sophia Rödiger**	**Lukas Fütterer**
	.../company/mountainminds/	.../in/sophiaroediger/	.../in/lukasfuetterer/
	@_MountainMinds_	@SophiaRoediger	@lukizzl
	@_MountainMinds_	@_SophiaBLN_	@lukizzl
	mountainminds.net/news/		

Weiterführende Formate und Erkenntnisse rund um dieses Buch werden auf hierundnetz.com gesammelt und verlinkt.